張佳麗 著

會呼吸的城市

劉太格 題

会呼吸的城市

张佳丽 著

中国建筑工业出版社
中国城市出版社

图书在版编目（CIP）数据

会呼吸的城市 / 张佳丽著 . —北京：中国城市出版社，2020.12

ISBN 978-7-5074-3319-7

Ⅰ. ①会…　Ⅱ. ①张…　Ⅲ. ①城市建设—文集　Ⅳ. ①TU984-53

中国版本图书馆 CIP 数据核字（2020）第 242750 号

责任编辑：徐　浩
责任校对：赵　菲

会呼吸的城市
张佳丽　著
*
中国建筑工业出版社、中国城市出版社出版、发行（北京海淀三里河路 9 号）
各地新华书店、建筑书店经销
逸品书装设计制版
北京京华铭诚工贸有限公司印刷
*
开本：787 毫米 ×1092 毫米　1/16　印张：7¾　字数：100 千字
2022 年 1 月第一版　2022 年 1 月第一次印刷
定价：**45.00** 元
ISBN 978-7-5074-3319-7
（904290）
版权所有　翻印必究
如有印装质量问题，可寄本社图书出版中心退换
（邮政编码 100037）

《会呼吸的城市》序

张佳丽老师是全国市长研修学院的青年教师。我曾多次受邀到全国市长研修学院授课。在组织安排授课活动中，和佳丽老师逐渐熟悉起来。在工作过程中，不断地感受到佳丽老师工作状态：做事极为认真、安排十分周全，同时对各类学术问题博览、涉足、好学和专研。近期佳丽老师整理了其在2013年至2019年登载于各类杂志的8篇论文，准备汇编出版。细细读来，不禁为其学术钻研探索精神所感染，从中体会到其作为一个教育工作者勇于探索和严谨治学的态度。

我们正处在百年未有的大变局时代。中国的城镇化是影响世界的大事件。诺贝尔经济学奖获得者斯蒂格利茨曾经预言：影响21世纪人类社会进程有两件大事，一是以美国为代表的高科技发展，二是以中国为代表的城市化。其观点并不全面，但是有一定道理。2007年，世界城市人口超过农村人口；2011年，中国城市人口超过农村人口；2018年，中国城市人口8.3亿人，农村人口5.6亿人。中国社会和世界一样形成了以城市人口为主的社会结构。中国城镇化水平从1978年的17.92%到2018年的59.58%，每年以1500万人左右规模从农村转移进入城市。改革开放之后的中国仅仅用了短短40年的时间，就完成了众多发达国家用了100年左右时间经历的城镇化快速发展进程。目前，中国已经进入城镇化进程的后半程时代；中国城镇化速度仍然处在每年增长约一个百分点左右，与世界上大多数国家相比仍处在城镇化的快速发展期，在如此快速发展过程中，我们也面临着巨大的挑战。这一时期既是国家社会经济发展的转型期、换挡期，又是社会矛盾风险的突发期、频泛期。改革开放以来我国经济社会发展迅速，同时发展不平衡、不协调、不可持续等问题显现出来。原有的矛盾解决了，新的矛盾又出现，这是社会历史发展的正常现象。“现在看，发展起来以后的问题不比不发展时少。”这是邓小平同志在1993年9月对改革开放以来中国发展之路存在问题的深刻反思之后发出的时代声音。习近平总书记指出，坚持问题导向是马克思主义的鲜明特点。只有聆听时代的声音，回应时代的呼唤，认真研究解决重大而紧迫的问题，才能真正把握住历史脉络、找到发展规律、推动理论创新。佳丽老师的8篇论文集中于这一时期中国城镇化和中国城市发展的话题，体现出其在国际背景视野下关注中国具体问题的用心体验和细致观察。

党的十九大明确作出了“中国特色社会主义进入新时代”的重要判断。同时对新时代我国社会主要矛盾的变化作出了新的概括——“我国社会主要矛盾已经转化为人民日益增长的美好生活需要和不平衡不充分的发展之间的矛盾”。这是我们党根据时代变迁和国情变化对中国特色社会主义新时代我国社会主要矛盾的新概括。我国稳定解决了十几亿人的温饱问题，总体上实现小康，不久将全面建成小康社会。人民对美好生活的需要，不仅是对物质文化生活提出了更高要求，而且在民主、法治、公平、正义、安全、环境等方面的要求也日益增长。我们在实现全面建成小康社会的基础上，即将开启建设社会主义现代化强国的新征程。新时代发展需要运用新的发展理念。2015年10月，习近平总书记在党的十八届五中全会上提出了“创新、协调、绿色、开放、共享”的发展理念。新发展理念深刻揭示了实现更高质量、更有效率、更加公平、更可持续发展的必由之路，是关系我国发展全局的一场深刻变革；是针对我国经济发展进入新常态、世界经济复苏低迷形势提出的治本之策；是针对当前我国发展面临的突出问题和挑战提出来的战略指引。中国经济已由高速增长阶段转向高质量发展阶段。新发展理念要落地生根，变成普遍实践，关键在落实于我们具体工作中。佳丽老师的论文就是学习落实新发展理念的新认识和新行动。

中国城市发展同样进入了新时代。处在这一时期的中国城市发展同样面临着转型发展的新要求。我们需要面对众多挑战。城市发展将从外延扩张型转向内涵提质型，从增量拓展方式转向存量更新方式，从高速度增长转向高品质发展。我们要实现“生产空间集约高效、生活空间宜居适度、生态空间山清水秀。”要实现山水林田湖草是一个生命共同体的发展理念。要坚持生态优先、绿色发展，划定城镇开发边界和生态红线，实现多规合一，着力建设绿色、生态、智慧、山水城一体的新城市。要让城市人“望得见山、看得见水、记得住乡愁”，要建设一个“宜居、宜业、宜学、宜游、宜养的城市”。要实现城乡统筹协调发展，实现“城市让生活更美好、乡村让城市人更向往”这样一种境界的世界。要建设“没有城市病的城市”。要更加精心保护好城市历史文化，凸显历史文化的整体价值，见证中华文明源远流长的伟大，强化“大国风范、古都风韵、时代风貌”的城市特色，要体现“世界眼光、国际标准、中国特色”的规划要求。

佳丽老师的8篇文章涉猎到城市发展的多个领域、多个尺度。比如《中国城镇化的差异性思考》和《资本逆城镇化在城镇化中的作用初探》触及城镇化发展问题;《海绵城市国家试点区老旧小区“海绵化改造实践”》触及老旧小区和海绵城市建设问题;《智慧生态城市的实践基础与理论建构》触及智慧城市和生态城市问题;《干旱、半干旱地区城市园林绿化的探索与思考》触及园林绿化问题;《合同能源管理引导供热计量与节能改造走出困境》触及建筑节能和市场机制问题;《破解西北干旱地区城市园林建设中水资源困局的思考》触及水资源问题。文中讨论的话题涉及社会学、经济学、规划学、水力学、生态学、管理学等多个学科领域，涉及不同地域概念（干旱半干旱地区、城市核心区、老旧小区）、不同空间尺度（全国、西北地区、城市）、不同的物质实体（人口、建筑、园林、能源、水资源），都是在中国城市快速发展过程中必须回答好的问题，让人从中更加深刻地体会到城市系统是一个开放复杂的巨系统。

书中从一个侧面揭示出城市系统的复杂性。在人类历史的发展中，城市不是独立存在的个体，而是与人所处的所有宇宙环境的一切都息息相关的。人类社会是复杂的，是人类用智慧塑造的，因而城市是社会的集中表现。城市及其区域已经形成一个复杂的巨系统。这一复杂的巨系统具有一切复杂巨系统的特点：即具有联系紧密的层次和系列，系统作用大于系统各部的简单之和，上一层次大系统决定性地影响下一层次的小系统，有边界并总是和更大的系统、旁系统进行种种交换，具有非匀质性和相互作用、自组织和自适应性、复杂性和运行的不确定性。城市既包含着物质实体，又存在着社会人文活动；上至天文，下至地理；既涉及自然科学，又包含着人文科学；既有线下的物质实体空间，又存在着线上的虚拟互联网世界。城市的复杂性既包括了社会科学领域中所指的混乱、杂多、反复等“复杂性”意思，又包括了并非科学研究领域中与混沌、分形和非线性相关联的“复杂性”。城市规划建设管理过程作为一项履行政府职能的过程，具有综合性和复杂性、刚性和弹性、前瞻性和延滞性、可参与性和公开性。

书中从不同角度揭示了城市发展的规律性。2016年初，中共中央、国务院发布了《关于进一步加强城市规划建设管理工作的若干意见》（以下简称《若干意见》）这一指导性文件。文件提出了中国城市发展总体目标，即“实现城市有序建设、适度开发、高效运行，努力打造和谐宜居、富有活力、各具特色的现代化城市。”《若干意见》针对性地提出了强化城市规划工作、塑造城市特色风貌、提升城市建筑水平、推进节能城市建设、完善城市公共服务、营造城市宜居环境、创新城市治理方式等举措。可以说，《若干意见》准确把握了我国城市发展的主脉搏，为走出一条中国特色城市发展道路指明了方向。城市发展是一个自然历史过程，有其自身规律。这些规律涉及各个方面，但抓住荦荦大端，应该重点把握五种关系。

首先，要统筹处理城市发展与经济发展的关系。城市发展与经济发展二者相辅相成、相互促进。城市发展是农村人口向城市集聚、农业用地按相应规模转化为城市建设用地的过程，如果脱离经济发展而人为大搞“造城运动”，就难免会出现无人居住的“鬼城”“死城”。因此，城市发展不能只要地不要人、只要“白领”不要“蓝领”。

其次，要统筹处理城市与农村的关系。城市发展与乡村发展相互促进，二者共生共荣、相得益彰。长期以来，农村作为分担城市发展成本的空间载体，是城市活力的蓄水池，也是社会发展的稳定器，为城市的发展繁荣做出了巨大贡献。但与此同时，农村空心化等问题日益突出，如果不大力推进城市反哺农村、工业反哺农业，城市的发展一样难以独善其身。因此，应该启动城乡之间人口、技术、资金的双向流动秩序，形成城乡的良性互动。

再次，要统筹处理城市与区域的关系。城市发展与区域发展相互促进，二者相互耦合、彼此配合。芒福德说过，真正的城市规划一定是区域规划。城市规划一旦脱离整体空间布局的区域规划，就会成为无源之水、无本之木。规划科学是最大的效益，首先就体现在城市规划与区域规划的协调与平衡。只有注重中心城市与中小城市的合理布局，才能控制住中心城区的规模，减少中心城区“城市病”的积累。

第四，要统筹处理城市与自然的关系。城市发展与自然保护相互促进，二者和谐共生、互利共赢。城市发展在对既有自然生态系统进行改变的同时也在创造着兼具自然系统和人工系统的新的复合生态系统。提高城市发展的可持续性、宜居性，内在要求尊重自然、顺应自然、保护自然。改善城市生态环境，即“让城市融入大自然，让居民望得见山、看得见水、记得住乡愁”。因此，城市规模要同资源环境承载能力相适应，实现对自然环境最小的人工干扰，最终实现从摇篮再回到摇篮的目标。

第五，要统筹处理城市与科技的关系，利用科学技术来创造更加美好的城市生活。科技发展促进人类文明的发展，使人类从原始时代先后进入了农业文明时代、工业文明时代、生态文明时代。人类社会的每一项进步，都伴随着科学技术的进步。尤其是现代科技的突飞猛进，为社会生产力发展和人类的文明开辟了更为广阔的空间，有力地推动了经济和社会的发展。科技发展带动了城市发展。城市作为人类文明的标志，既是科学技术进步和普及的载体，也是人类文明进步的成果。城市利用科技发展为人类提供了传播思想文化新手段，使精神文明建设有了新的载体。科技发展提高了城市的生活水平，改善了城市的生活质量。科技发展，让城市生活更加丰富多彩，让世界更加和谐美好。

建设美好宜居幸福的城市既是一个追求目标，又是一个追求过程。建设美好宜居幸福的城市既是一种发展模式，更是一种价值理念。在这样一类城市生活中我们要倡导新型的生产方式，倡导新型的生活方式。城市建设具有复杂性、系统性、阶段性和长期性。如何让绿色、智慧、人文、生态、健康、宜居、幸福城市从理念走向现实？应该从理论体系构建、技术体系构建、政策体系构建、实践体系构建等方面共同发力，但归根结底还是一条，尊重城市发展规律。佳丽老师的书中从多个不同角度探讨了上述城市发展的规律性。

佳丽老师的书还从多个角度阐释了人们对美好城市的追求与逐梦。古希腊哲学家亚里士多德曾经说过：“城邦的长成出于人类生活的发展，而实际的存在却是为了优良的生活。”城市应该让生活更美好，让文明更先进。一百多年来，人们都在追求更加美好的生活。比如英国早期社会学家提出田园城市的发展理念，到后来提出了健康城市、宜居城市、现代城市、山水城市等，现在又提出绿色城市、生态城市、韧性城市、海绵城市、公园城市、健康城市、幸福城市。从中可以梳理出中国城市发展战略的两条主线：一是基于国家意志的竞争力战略，二是基于人民意志的宜居性战略。英国学者马丁雅克在《当中国统治世界时》这本书中提到："19世纪，英国教会世界如何生产；20世纪，美国教会世界如何消费；如果中国要引领21世纪，它就必须教会世界如何实现可持续发展。""城市的成功，就是国家的成功。城市的命运，决定着地球的命运。"

呼吸是地球上众多生命体的特征之一。人类诞生于地球表面。生命是如此奇特：新陈代谢、生生不息、永无止境。新陈代谢包括了物质代谢和能量代谢。植物需要吸入二氧化碳、呼出氧气，而人却是需要吸入氧气、呼出二氧化碳。生命体具有共同的物质基础和结构基础；生命体具有新陈代谢作用；都具有适应性和生长、发育与生殖现象；都有遗传、变异的特性；都适应一定的环境，也能影响环境。会"呼吸"是众多生命体自我生存进行调节的机制。城市同样具有生命体特征：从小长成，经历了从出生、发育、成长，到成熟、停滞、衰弱、甚至萎缩、死亡、消亡，然后获得再生、再循环发展的过程。在城市全生命周期过程中，呼吸伴随其永恒。在对城市发展问题的讨论过程中，我们所涉及的所有话题都可以将其视作城市呼吸的一种形态和方式。所以我特别赞成佳丽老师将其文章汇编成书的书名确定为《会呼吸的城市》。

希望这是一个开始而不是一个终结。希望能引发大家讨论而不是攫取喝彩。中国的城乡可持续发展之路还十分漫长，需要更多的探索者、研究者以及批判者的共同探索。愿我们和佳丽老师一起继续努力。

是为序。

中国城市规划设计研究院副院长 李迅

2019年12月

目 录

坚持绿色发展，探索会呼吸的城市

摘　要：会“呼吸”是城市自我调节的机制，城市的“呼”与“吸”在城市生态化、智慧化发展的同时保持绿色环保可持续。它可以是海绵城市、低碳环保城市、绿色循环发展等模式。本文通过对会“呼吸”的城市相关认识入手，对国内外绿色发展理论进行分析探讨，提出会“呼吸”的城市体系构建，对于现代化城市建设具有重要意义。坚持绿色发展，推进生态文明建设，是探索创造会“呼吸”的城市的基础。

关键词：绿色发展；生态文明建设；海绵城市；呼吸

党的十八大对生态文明建设进行了深刻阐述，强调大力推进生态文明建设。在实践中更好地推进生态文明建设，优化开发格局，发展绿色经济，保护生态环境，弘扬生态文化，完善制度安排。应树立尊重自然、顺应自然、保护自然的生态文明理念；着力推进绿色发展、循环发展、低碳发展。党的十九大将“坚持人与自然和谐共生”纳入新时代坚持和发展中国特色社会主义的基本方略，指出“建设生态文明是中华民族永续发展的千年大计”，具有划时代的意义。习近平总书记在十九大所做的报告全面阐述了加快生态文明体制改革、推进绿色发展、建设美丽中国的战略部署。

随着城市的发展与进步，城市中出现了一些不可避免的问题，包括水污染、空气质量状况不佳、无法实现快速的灾后自我修复等。现代化城市中，设施的建设使用会随着建筑数量与密度的增加而增多，负荷也会加大，尤其地表径流的密集性增加，导致目前现有地下管道整体系统应该承担的负荷强度增大，而当其无法承担时，随之而来的就是面临洪涝灾害、水体河流污染等灾害时城市无法及时处理或彻底解决问题导致的一系列危害。

1　概念界定

1.1 相关认识和实践

《打造会“呼吸的城市”——全国海绵城市试点建设的福州实践》一文中提到，随着一个个海绵项目的加快推进，福州城市储水能力明显增强，一个“山、水、城、绿”融合的海绵城市生态格局逐渐形成，福州正在变身为“会呼吸的城市”。建设海绵城市，规划必须先行。福州在这方面不遗余力，遵循生态优先等原则，将自然途径与人工措施相结合，在确保城市排水防涝安全的前提下，最大限度地实现雨水在城市区域的积存、渗透和净化，促进资源利用和生态保护。

宁波市姚江片区是全国海绵城市试点区域，是以“水”为核心的水网城市，山海交融，依山傍水。水是宁波赖以生存和发展的重要资源。为响应国家号召，宁波市推进海绵城市的建设，加大力度保护自然生态，下大力气改善城市排水防涝等基础设施。宁波市住房和城乡建设委员会主任郑世海指出“海绵城市建设不是一个单纯的目标，而是一个综合的目标，是城市发展理念和建设方式的转型。”宁波市着力打造像海绵一样“会呼吸”的城市，成为一座人与江河湖海林田和谐共融的生态园。

贵安新区海绵城市建设中提出在城市尺度上构建“山水林田湖”为一体的“生命共同体”，让城市如同“海绵”般顺畅“呼吸”，打造“显山、露水、透绿”的山水型海绵城市。作为全国首批海绵城市建设的16个试点之一，贵安新区将海绵城市理念贯穿整个城市规划，打造会“呼吸”城市，打造具有特色的海绵城市。

1.2 内涵

会呼吸的城市在本文阐述中包括生态文明建设、海绵城市、低碳环保城市、绿色发展、可持续发展等呈现方式。城市的呼吸机制是城市可持续的循环发展，是让城市能够更好地自我调节的一种方式。它能够使城市在出现环境突发问题或水灾时实现自我的控制与修复，避免城市受到更多的伤害，使城市具有一定的弹性。低影响开发建设是当今国际上城市建设的主要趋势，在我国还处于一个初步发展与探索阶段，这是一个长期且艰巨的城市发展任务。通过借鉴国内外不同地区、不同城市的发展，因地制宜，从不同范畴领域共同推进城市的发展。在城市的发展建设当中，城市生态循环系统的发展依赖于绿色低碳城市的建设。绿色循环发展是当今发展的新方向、新模式。

2 国内外相关研究

2.1 国外相关研究

20世纪70年代，“最佳管理措施”由美国提出，这一理念的初衷是控制城镇和乡村面临的面源污染问题，随着实践的不断积累，逐步发展成为一项综合性的措施，可以实现多个生态目标，既可以对降雨径流量进行控制，又能对水环境进行改善。

20世纪80年代，澳大利亚提出“水敏感性城市”，为解决水环境的问题持续对水行业进行改革，后提出了水资源综合管理软件系统工具包的治理思路，并在悉尼波特尼地区进行了实践应用，在节约水资源、减少污水排放和防洪等多个方面实现了突破，极大改善了城市的水环境。

20世纪90年代末期，“低影响开发”理念由美国乔治王子县、西雅图市和波特兰市共同提出。这是一种强调以生态系统为基础的雨虹管理策略。

1999年，“绿色基础设施理念”由美国可持续发展委员会提出，这一理念希望在空间上通过连接廊道把网络中心、小型场地等天然和人工化的绿色空间组成一个完整的网络系统，这一网络系统可以对自然的蓄水、滞留、渗透和蒸发进程进行模仿，进而实现对雨水的循环利用，同时减轻城市中原有灰色基础设施的负荷。

2.2 国内相关研究

2003年，在著作《城市景观之路：与市长们交流》中，俞孔坚教授、李迪华教授对“海绵”进行了定义，主要阐述为湿地、河流等自然生态水系对于面临城市旱涝灾害时的自我调蓄能力。

2006年，《环境保护》中指出，中国经济发展要实现绿色转变，就必须制订国家绿色发展战略规划的构想。

2006年，《科学管理研究》刊文分析建立了绿色发展指标体系。

2011年，董淑秋第一次提出了“生态海绵城市”这一概念，主要针对规划区的雨水利用问题提出“生态排水+管网排水”的“生态海绵城市”规划概念。

2012年，“海绵城市”这一概念第一次在低碳城市与区域发展科技论坛中被提出。

2015年，中共十八届五中全会将绿色发展与创新、协调、开放、共享等发展理念共同构成五大发展理念。

2017年，中共十九大报告明确指出：加快建立绿色生产和消费的法律制度和政策导向，建立健全绿色低碳循环发展的经济体系。

我国近年来逐渐将低影响开发理念和绿色发展理念引入城市规划建设中，政府也日益重视，出台了一定量的规范，并投入了相应的工程建设资金。2015年4月，住房和城乡建设部公布了第一批16个海绵城市试点名单，16个城市根据当地情况，开展专项研究，从标准制定、技术规范到设计导则，详细编制海绵城市建设的规划方案。目前共计30个城市纳入中国海绵城市试点。

3　会呼吸的城市体系构建与建设意义

3.1　会呼吸的城市的体系构建

会“呼吸”的城市是一座有生命力的城市，也是能与所处生态环境和谐共处的可持续的城市。本文选取了建筑、道路、公园绿地、河道水系四个角度具体阐述。

3.1.1　会呼吸的建筑

城市通过建筑营造的各类空间满足人类社会生活（居住、生产、交流）的需求，因此会“呼吸”的城市需要有会“呼吸”的建筑。降低建筑能耗与碳排放，采用可回收的建筑材料，通过设计使得建筑与室内、

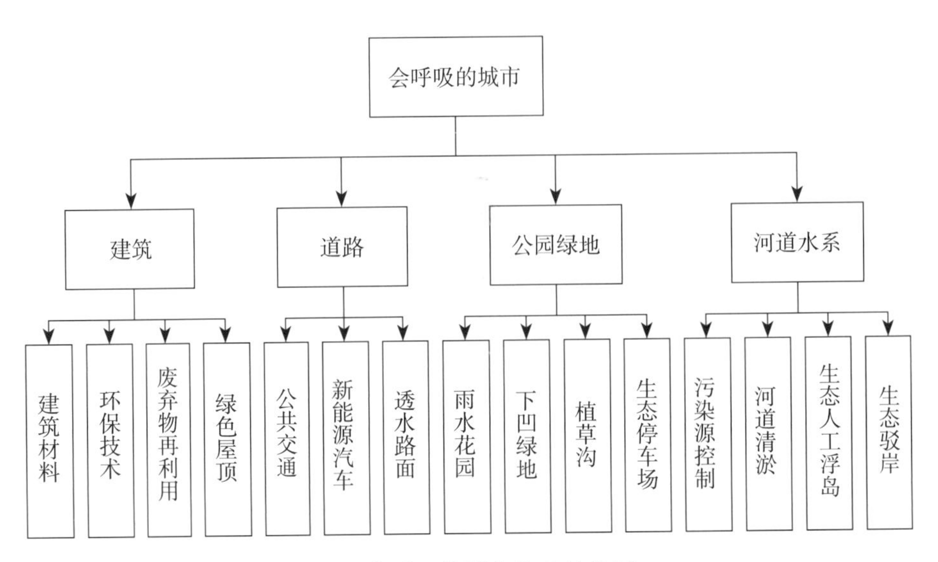

图1　会呼吸的城市体系结构图

室外的自然环境相融合，建造能在城市中自由“呼吸”、具有源源不断生命力的建筑，为人类创造更低碳、环保、绿色的社会生活空间。随着社会经济的发展，城镇化进程不断加快，建筑能耗增长速度也逐步加快，占全国能源消耗总量的比例不断攀升，建筑业的节能减排工作刻不容缓。发展绿色建筑、实现建筑“零排放”，是实现城市低碳绿色发展，让建筑能自在“呼吸”的重要举措之一（图1）。

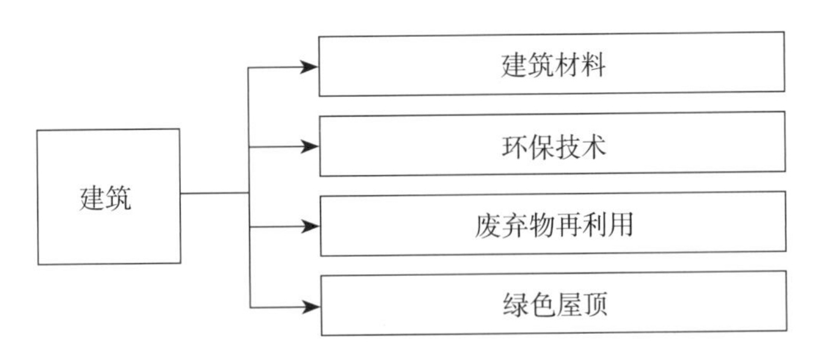

图2　会呼吸的建筑构成图

绿色建筑是指消耗最少的地球资源，制造最少废弃物的建筑，是区别于传统建筑，采用新技术、新材料的低能耗、高效益的建筑（图2）。绿色建筑既包括了建造材料的绿色无污染、污染物排放的零污染，也包括了使用过程中的低能耗。在建造过程中加强节能、环保技术和材料的使用与推广，控制建造过程中的废弃物排放量；对建造过程中的废弃物进行回收再利用；采用低挥发性的绿色环保建材，提升室内环境质量；设计上保证合理的建筑进深和形状，也能塑造良好的自然采光通风，促进清洁可再生能源的使用。城市用地被越来越多的高密度建筑所填满，使得绿地、水体面积逐年缩减，与城市各具风格的建筑沿街立面不同，城市“建筑第五立面”大多显得苍白甚至丑陋，成了“垃圾”堆积点，影响了城市整体风貌。“绿色屋顶”指在建筑物屋顶选种适合的植物，形成一个综合的生态体系，可达到增加城市绿化面积，提升城市生态环境质量的目的，因此也被称为“会呼吸的屋顶”。其优势在于既不占用城市用地资源，又能调节城市生态环境，还兼顾了建筑景观作用，营造出良好的人居环境。根据建筑屋顶结构、承重、面积综合评判，可选择种植草本植物平铺；搭配灌木及多种类的植被，形成错落景观；进一步丰富植物种类，加入景观小品、水体等打造屋顶花园。同时，屋顶作为雨水的重要承接面，建设绿色屋顶还能够起到暂存部分雨水、缓解洪涝灾害及城市热岛效应、改善城市空气质量、调节湿度的作用。“绿色屋顶”不仅塑造了独特的空中景观，也具有实际的生态意义。

3.1.2 会呼吸的道路

城市中四通八达的道路犹如城市“输血管”，“输血管”的健康关乎着城市的健康。如今的城市遍地是高楼，城市道路也不断拓宽、延伸，形成了大量的不透水区域，便捷的道路系统也为汽车出行提供了便利，汽车保有量不断增多，二氧化碳排放、能源需求也不断增多，对城市环境造成了不小的压力。发展低碳交通、打造会“呼吸”的路面是缓解交通污染的一剂良方（图3）。

首先，要做好交通的节能减排工作，提倡低碳出行，发展低碳交

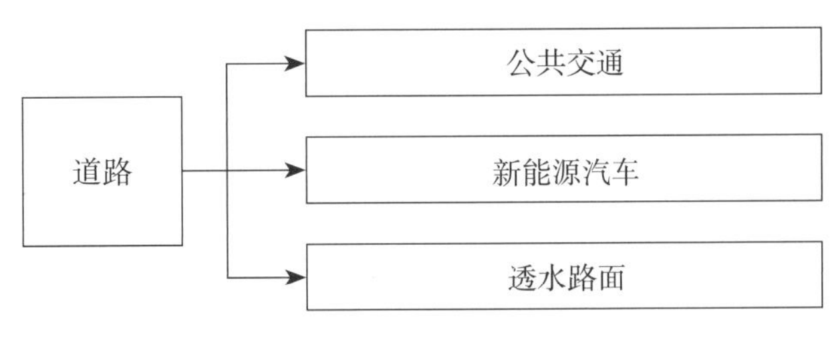

图3　会呼吸的道路构成图

通。鼓励公共交通发展，保障公共交通路权，完善公共交通网络，增强公共交通的便利性，加强服务质量，提升公共交通工具使用率，减少私家车使用。同时要完善城市慢行交通系统及慢行网络，推广自行车与步行的低碳出行方式，保障慢行出行空间以及出行的安全性及顺畅性，全面优化慢行体验。

其次，发展使用清洁能源的新能源汽车，包括纯电动汽车、混合动力汽车、氢发动机汽车等。新能源汽车在使用中能有效减少甚至无尾气排放，不产生直接污染大气的污染物，相比于传统能源汽车，既节约成本又能节约能源。在扶持政策下，我国新能源汽车发展迅速，未来如果能将新能源汽车使用提升到一定比例，可以切实有效地减少大气污染物排放，改善城市空气质量。

最后，从道路本身寻找突破口，使用透水路面。与传统的利用沥青混凝土、混凝土等不透水材料封闭地表、覆盖于土地之上不同，利用透水混凝土这种新的环保型、生态型的道路材料制成路面，能防止路面积水，让雨水能快速渗透到地下，维持地下水土生态平衡。同时其独特的空隙结构有吸热储热功能，调节城市温度、湿度的能力与绿地类似；甚至还能吸附类似粉尘的污染物，减少扬尘污染。后期路面维护也十分简单，通过简单的高压水洗即可处理孔隙堵塞问题，无需特别的保养，可有效缓解饱受暴雨洪涝灾害的城市问题。在城市道路系统中，可在满足承载和功能的条件下，采用透水路面，对于大面积的不透水路面可采取打断法降低连续性，实现雨水收集，缓解温室效应，减少噪声、扬尘污染的效果。在条件允许的情况下，可适量取消道路、停车场、场地边的路缘石，让雨水汇入绿化种植区，在暴雨时期还能增长雨水的径流时间和路线，降低流量。对于路边行道树进行一定的优化改造，设置雨水树池，起到雨水管理、调节空间小气候的作用，同时也丰富了道路景观效果。

3.1.3 会呼吸的公园绿地

如今的城市由于快速的发展，使得人类与自然环境矛盾重重，亟待找到一种平衡的方式缓和矛盾。城市公园绿地一直作为调节城市生态环境平衡的“绿肺”而存在，其对于城市健康“呼吸”的重要性不言而喻。让城市公园绿地能够“呼吸”，保护城市“绿肺”健康，需要结合新技术、新方法，让城市公园绿地能最大地发挥其生态效益。海绵城市相关技术可以更好地帮助其实现生态效益的最大化。海绵城市自2012年被提出后，在全国进行了大量的试点建设，已经形成了较为成熟的一套技术体系，其核心是通过构建水生态基础设施，建设能自然存积、自然渗透、自然净化的像海绵一样的城市。在城市公园绿地采用海绵城市相关技术，构建水生态基础设施，帮助城市像“呼吸”一样，在下雨时吸水、蓄水、渗水、净水，需要时将储蓄水释放，供给使用，有效提升城市生态系统功能（图4）。

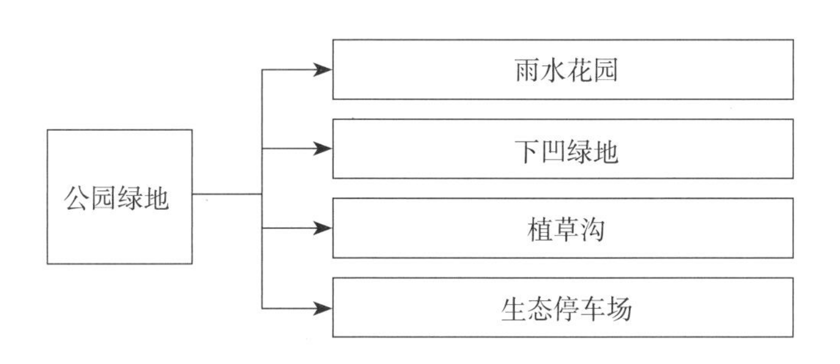

图4　会呼吸的公园绿地构成图

城市公园绿地在设计之初应当减少对场地破坏，尽量保留其地形、水系特征，保留自然排水通道，充分保护好场地自生水土调节功能，增加透水、透气面积。公园绿地道路可采用透水混凝土，内部场地、停车场可采用透水砖或嵌草砖等铺装材料，在块料间留出空隙，其间可种植草皮，增加更多绿化空间；也可通过竖向设计做出一定变化，来促进雨水下渗。后期可考虑设置滞留渗透系统，通过滞留下渗对雨水进行利用。主要包括建立雨水花园、下凹绿地、植草沟等方式。雨水花园为自然形成或人工挖掘的浅凹绿地，用于汇集雨水，雨水花园具有一定的景观性，具有调节小气候，为鸟类、昆虫等提供良好栖息环境的功能，与公园绿地完美结合；下凹绿地则是通过地形梳理形成的下凹空地，汇集水流并带有一定净化作用，适用范围广，后期维护成本较低；植草沟是线性分布的植被地表沟渠或带状低洼绿地，主要起到将地表径流传输至附近储水设施的作用，其净水能力更强，还能与景观设计有机结合，塑造丰富的景观效果。

将海绵城市相关技术用于公园绿地的营建之中，提高了生态效益，也营造了良好的城市景观，形成了具有生命力的生态系统。这是城市公园绿地在生态营造、雨洪控制以及景观打造上的一次探索，同时也为这种探索提供了有力的技术支持。

3.1.4 会呼吸的河道水系

河道水系对于城市环境的重要性不言而喻，过快的城市扩张给河道水系带来了一系列不良的影响，水质的恶化、城市扩张侵占了部分河流湖泊，使得城市水环境面临着巨大的威胁。从城市建设发展历程来看，河道水系很大程度上影响着城市的发展，其形态影响着城市的空间形态，是构成城市的绿化廊道。创建良好的城市水环境是改善城市呼吸“通道”的主要动力（图5）。

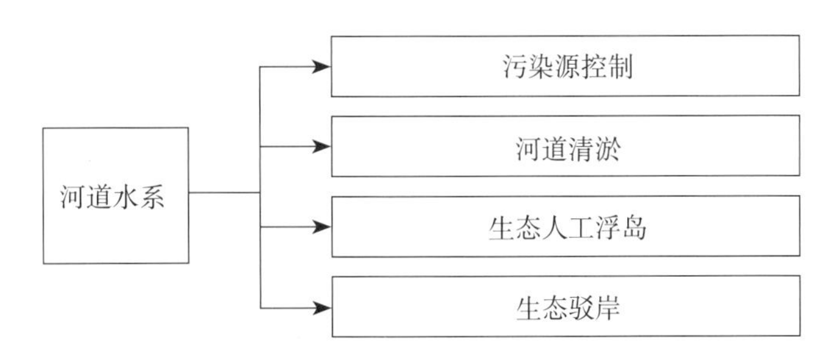

图5　会呼吸的河道水系构成图

根据河流水系受污染情况，通过将生产、生活污水截留进行集中处理，处理合格符合排放标准后再排放至自然水体中，缓解源头污染；水底黑臭淤泥也是影响水质的一大元凶，定期进行水下清淤、清杂；水体已受到污染的，可设生态人工浮岛，利用植物新陈代谢净化水体。除了对河道水系水体进行净化处理外，还应对河道水系驳岸进行"透气性"处理。常见河道水系驳岸以硬质的垂直驳岸为主，"透气性"、景观性较差。因此，在满足防洪排涝要求的前提下，可营造"透气性"较好的驳岸。例如自然型驳岸，在驳岸处可种植草皮或是柳树一类根系发达又耐水亲湿的树种加固驳岸。对于有防洪需求的河道驳岸，可考虑采用人工型的自然驳岸，例如结合从建设到解体都对环境"零负担"的生态混凝土，能为水体中动物、植物、微生物提供栖息环境；或是采用具有多孔性特点的生态砖，其特有的空隙结构既能增加水体的含氧量，为水生动、植物提供适宜的生存环境，从而增强水体的自净能力，维持水底生态环境平衡；或是采用金属网箱这种新技术，在新型钢丝网箱中置入石料，形成大量的空隙，让空气、泥土、水浸入空隙之中，模拟水下环境，这种做法有较强的抗冲刷效果，能尽可能地还原水下环境，利于动物、植物、微生物生存，具有多种优势。

河道、水系的建设要从生态、安全、经济等多方面来考虑，以恢复自然功能为首要目标，加强其自我净化的能力，塑造良好的景观效果，满足市民亲水游憩需求。

3.2 会呼吸的城市的建设意义

3.2.1 推动了城市可持续发展

会“呼吸”的城市是一种城市建设的新模式，是对现有的城市生态文明建设实践成果的总结，通过协调城市、自然、生态，来营造人居环境与自然环境相互协调的可持续发展道路。如今的城市建设发展，越来越多地注重低碳环保、绿色循环经济，将以人为本、宜居理念融入城市建设的方方面面。未来的城市也应该是立足于生态友好基础上的，拥有健全的生态发展机制的人类居所。

会“呼吸”的城市可以说是一种新的探索模式，无论是建筑的绿色低碳、道路交通的低碳节能减排或是公园绿地的生态结合景观，还是河道水系的生态整治技术，都是基于现状问题，结合生态技术促进资源的循环利用，实现不牺牲环境的发展效益最大化，充分尊重大自然的规律，将生态环境保护和城市建设发展相结合。在优化城市生态系统的基础上进行城市建设，满足美好人居需求，推动城市持续健康发展。

3.2.2 推动了规划实践及转型

我国的城市规划尚处在转型的初期，经过近几年的实践及探索，已经初步将绿色、生态、低碳理念融入城市规划全过程。一座会“呼吸”的城市，它一定是生态的、宜居的、绿色的，符合现阶段城市规划总体定位；规划理念、目标、内容朝着更新更合理的方向发展。规划理念的更新体现在，由以往片面重视城市规模和增长速度的思维模式，转变为更多关注优化城市资源要素配置、建设优质人居环境、重视生态承载力、提高城市可持续发展水平；规划目标的更新有助于准确地把握城市的发展方向，引导城市向会“呼吸”的城市目标迈进。通过推进建立一套生态规划体系，用以考核城市在规划、运营等各环节，是否落实了绿色、生态、低碳理念；规划内容更多地重视生态安全及规划本底，将自然与城市融合发展作为规划准则。其内容涵盖多个方面，包含了生态环境、城市空间、城市交通、绿色建筑、低碳能源、资源管理等多个领域。现阶段，虽然会“呼吸”的城市在规划各方面研究还不成熟，相关研究处在探索阶段，但随着生态文明建设的深入推进，一定会在探索中完善，实践中成熟。

3.2.3 推动了建设技术手段的创新

建设会“呼吸”的城市，还需要落实到具体建设技术手段上。近些年来，生态绿色技术手段有了较大发展，很多原来停留在理论或概念层面的技术手段越来越多地被应用到城市建设之中。会“呼吸”的城市建设技术手段包含但不限于本文中所提到的绿色建筑、绿色屋顶、低碳绿色的交通系统、海绵城市、生态驳岸等技术。对传统建设技术手段进行提升，创新更多新技术、新手段，未来随着新技术手段的提出、实践，以及在全国范围内市场化、规模化，会“呼吸”的城市建设技术手段内涵将会更加丰富。同时，也需要认识到，会“呼吸”的城市建设离不开各类技术手段的创新，而技术手段的创新也离不开人才的培养与储备。需要加大技术科研投入，出台各项鼓励政策，加大对先进技术的研发、生产和使用；积极学习国外新技术、引进新材料，结合国情在实践中积极探索，完善技术体系，构建专家人才库。

4 总结

会“呼吸”的城市，是一种运用健康的城市发展理念打造可持续发展的优质城市的最终状态，应当遵循“尊重自然、顺应自然、保护自然”的原则规划、发展、建设城市，运用各种生态型技术手段与建设方式，使得城市向一个好的可持续的方向稳步发展，使城市环境更加和谐美好，进而推动整个社会进入人与自然和谐共处、绿色低碳、永续发展的模式。

城市的“呼吸”不仅是城市建设中的手段，更是人类处于城市当中，发展生态城市、推动城市转型进程的一种自然融入。城市的发展模式转变、消费结构调整，都在推动生态可持续发展。

“呼吸”使城市有了生命力，从而使城市能够自我调节，降低外界影响所带来的破坏，与眼中所见的层层竖立的高耸建筑和钢筋混凝土不同的是，这样的城市更加生机勃勃，更是国家永续发展、人民安居乐业所必需的优质环境。

参考文献

[1] 俞孔坚，李迪华.城市景观之路：与市长们交流[M].北京，中国建筑工业出版社，2003.

[2] 张书函，陈建刚，赵飞，等.透水砖铺装地面的技术指标和设计方法分析[J].中国给水排水，2011(22)：15-17.

[3] 赵芳.绿色建筑与小区低影响开发雨水利用技术研究[D].重庆大学，2012.

[4] 扈万泰，Calthorpe Peter.重庆悦来生态城模式——低碳城市规划理论与实践探索[J].城市规划学刊，2012(2)：73-81.

[5] 王芳，潘鸿岭.低影响开发技术在城市公园设计中的应用探讨[J].农业科技与信息（现代园林），2013(10)：76-80.

[6] 任婕.低影响雨水管理的城市生态系统构建[J].北京水务，2014(5)：28-32.

[7] 仇保兴.海绵城市（LID）的内涵、途径与展望[J].建设科技，2015(1)：11-18.

[8] 谢霞.如何打造“会呼吸”的海绵城市？专访宁波市住房和城乡建设委员会主任郑世海[J].宁波通讯，2016(12)：52-57.

[9] 赵林栋.基于生态文明的海绵城市建设研究[D].郑州大学，2017.

中国城镇化的差异性思考

摘　要：城镇化的快速发展已成为推动我国经济社会发展的主要动力，区域间城镇化的发展差异引人关注。本文从国外城镇化的历史经验出发，深刻认识到我国现阶段城镇化的差异性特征，提出城镇化的推动应着眼于不同区域的发展条件和动力，因地制宜地制定适宜区域特征的城镇化推进策略，构建区域化的经济和城镇体系，形成多元多样性的发展格局，发挥各地比较优势，提高城镇化发展质量。

关键词：城镇化；差异性；因地制宜

2000年，美国经济学家、诺贝尔经济学奖获得者斯蒂格利茨说过："影响21世纪人类社会进程两件最深刻的事情：一是以美国为首的新技术革命，二是中国的城市化。"今天，城镇化已经成为一个国家迈向现代化的必由之路。党的十八大提出将推进城镇化作为我国发展方式转型的主要任务，这一战略举措对拉动内需，推动高质量的就业，实现全面协调可持续的科学发展具有重要意义。我国地域多元、文化多样、国土辽阔，决定了城镇化区域发展差异巨大，自身十分特殊的自然、地理和人口环境以及不同区域发展的不平衡问题对城镇化发展具有深刻影响。本文通过对我国城镇化差异性发展的认识和判断，分析不同区域城镇化发展的独特条件和策略，以期对我国如何走好特色城镇化发展之路提供借鉴。

1　城镇化推进过程中的差异性特征

1996年中国城镇化率达30.48%，中国城镇化开始加速发展。2011年中国城镇化“拐点”已现，城镇化率为51.27%，城镇人口首次超过农村人口，中国社会结构发生了一个历史性变化。快速城镇化发展中，地理条件、资源禀赋的差异以及历史发展基础的不同，导致了不同区域间客观上存在经济社会发展和城镇化发展的差异。

1.1 东、中、西部城镇化差异较大，路径模式各异

改革开放后，东部地区成为国内经济社会最发达地区，对外开放程度高，现代工业发展较快。中西部地区工业基础薄弱，生态环境脆弱，农村工业稀少，对外开放程度低。2010年东部地区城镇化率达到58.1%，而中、西部分别为42.7%、40.2%，东部地区城市水平和城市密度明显高于中西部。2012年，我国东部地区实际使用外资占全国总额的85.64%，中部为8.35%，西部为6.01%。全国百强县中87%位于东部，中部、西部分别只占有5%、3%（图1），东部地区城镇居民可支配收入以及农村居民纯收入均远高于中、西部地区（图2）。东部地区人均GDP约为中、西部地区的2倍（图3）。由此可见，经济发展确实要以城市作为载体，中、西部地区经济发展和城镇化发展相当滞后。

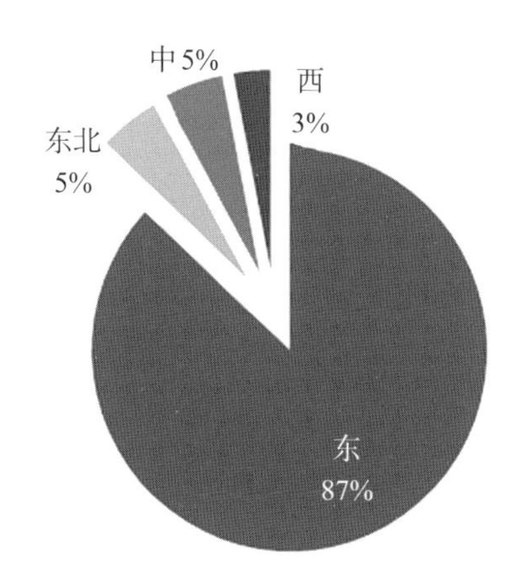

图1　全国百强县在各区域占比图

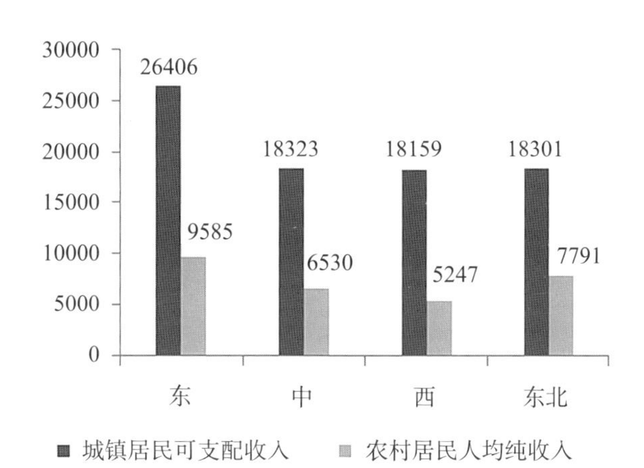

图2　各个区域城镇居民可支配收入与农村居民人均出收入（单位：元）

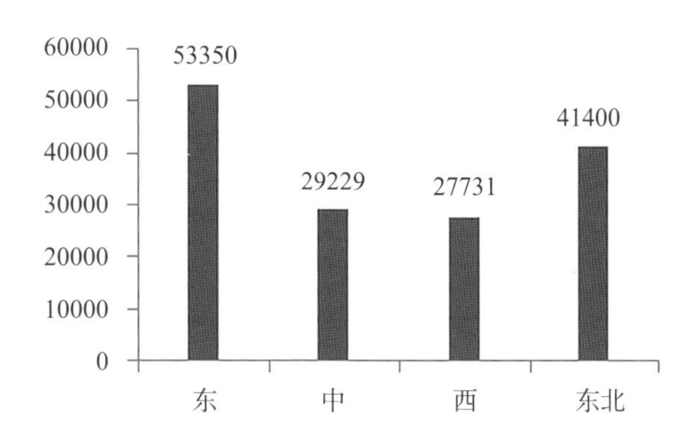

图3　各个区域人均国内（地区）生产总值（单位：元）

东部地区是以出口导向为主的经济增长模式，工业化是推动城镇化的核心动力，企业之间高度分工合作，中小城市因企业群存在而具有城镇化动力，自下而上城镇化发展路径特征显著，以小城市、小城镇为发展主体的城镇化地区成长迅速。

中部地区是自上而下的城镇化路径模式，主要以本土资源初级加工为主，区域发展外向度较低，内生动力是中部地区城镇化的主要推动力，省会城市和地级市首位度都偏高，以区域中心城市为核心的城镇体系格局特征明显；随着沿海企业的迁入，工业化逐渐成为推动城镇化的主要动力，内生动力和外源动力成为中部地区城镇化发展的主要驱动力。

西部地区本土优势资源处于初级开发状态，外源动力对西部地区驱动力较弱，工业化动力也较弱，外向型经济不发达。因此，西部地区城镇发育较缓慢，服务功能和人居环境质量存在较大差距，城镇化进程相对滞后。随着内陆开放政策的实施，西部地区也开始自下而上地逐步走向内生发展和外源驱动的发展路径格局。

1.2 大、中、小城市的城镇化目标差异较大

大城市目标是发展技术密集型和资本密集型产业，大力发展生产性服务业，强化技术创新和制度创新，是中国参与国际竞争的重要力量。为此，大城市主要承担国家发展的核心任务是参与国际竞争和区域竞争，提高效率是大城市城镇化的首要目标。如上海的目标是具有国际经济、金融、贸易、航运中心基本功能，形成走在全国前列的高新技术产业和战略性新兴产业体系。

中等城市的目标是起到承上启下的核心作用。主要承担大城市制造业的配套工业发展任务，承接大城市的产业转移，承担对县域发展的辐射带动任务，辐射周边外围县市区，为城乡统筹发展提供有利的保障。

因此，通过工业化和城镇化，以地级市为发展主体的中等城市既要提高效率也要兼顾公平。例如山东省潍坊市战略目标是要主动接受青岛的辐射，形成优势互补的发展局面。集中力量发展优势产业，强化城市在区域中的战略定位和特定职能，提高综合竞争力。

以县城为发展主体的小城市在强化市域政治、经济、文化中心职能的基础上，还要强化小城市对工农联动的核心作用，成为县域经济的集聚点和生长点。通过本土优势资源的深加工，促进农业现代化发展；通过工业化提供充足的就业岗位，吸纳农村人口。因此，以县城为发展主体的小城市核心目标是促进公平。例如湖北宜都的城镇化发展战略主要为提高城镇集聚效能；提高就业吸纳能力；促进农村资源、要素流转与增值，推进产业与居民点整合；建设地区中心城市，实现可持续发展。

小城镇是作为连接大中小城市与农村的主要节点和纽带，是承接本地人口城镇化的重要载体和平台，需要在完善公共服务与基础设施的基础上，分类引导，因地制宜，结合本地优势发展特色产业，促进小城镇的特色化发展，发挥小城镇在新型城镇化推进过程中的作用。例如山东省景芝镇的主要城镇职能为区域政治、经济、文化中心以及商贸中心，强化城镇的辐射功能，促进城镇经济的全面发展。

1.3 小结：城镇化差异性特征是客观存在的

城镇化差异性特征主要是发展阶段的不平衡性造成的。不平衡性则是由自然禀赋的区位差异性决定的，这种区位差异是客观存在的。因此城镇化差异性也是客观存在的。

一是不能简单用城镇化率、GDP、工业化水平等指标来衡量一个地区的城镇化发展总体水平。城镇化质量指标才是衡量城镇化发展水平高低的充分条件和必要条件。

二是城镇化路径模式不能“一刀切”。我国地域广阔，文化差异大，推进工业化和农业现代化的条件也各异。因此，各地区城镇化动力机制和路径模式也会存在较大差异，要客观认知城镇化差异性特征，科学确定城镇化动力和路径。

三是城镇化目标的确定不能一味地追求经济增长“效率化”。不能把追求工业化、促进经济效率增长作为推进城镇化的核心动力，而是把实现城乡公共服务均等化、追求城镇化质量作为这些地区的城镇化目标。工业化、农业现代化的地域差异，决定中国城镇化是追求效率和兼顾公平两种路径并存的城镇化平衡过程。

2　国外推进城镇化差异发展的实践与启示

对于不同的国家而言，不同的历史地理环境、社会背景、政策方针等影响因素，决定了每个国家的发展路径、模式以及城市化层次都存在差异。在客观认识中国城镇化差异性发展的基础上，有必要借鉴国外促进城镇化发展的实践，寻求有益于中国推进城镇化发展的经验和启示。

2.1 美国田纳西河流域：追求区域公平

美国田纳西河流域上、中、下游存在着不同的自然地理环境。1809年起，联邦政府就拨专款并转让联邦土地帮助田纳西河流域地区勘测和治理河道，修筑运河以发展航运，促进了本地城镇化和工商业的发展。之后成立了田纳西河流域管理局（Tennessee Valley Authority，TVA），开始了田纳西河流域本土资源的开发，带动了经济发展。TVA还鼓励农民使用它生产的低价化肥，帮助农民组织合作社，将电力输入农场，使土地生产力、农民收入水平得到了提高。全流域区内的农民都通过与TVA及其附属服务机构的合作，在提高单产、改良土地、提高生活质量方面得到了好处。与此同时，TVA加强社区服务功能，促进流域区内环境卫生事业的发展，消灭了疟疾。因此，美国田纳西州的扶贫路径下的城镇化是典型的追求区域发展公平的路径模式。

2.2 日本东京都市圈：追求竞争效率

从日本发展情况看，东京都市圈内各城市有相对明确的产业分工，东京金融中心周边发展制造业、科技研发、物流、文化中心，实体经济的发展促进了东京金融中心的建设，东京金融中心凭借着在信息、技术、人才、资金方面的优势能为周边的产业提供更高效的金融服务，促进产业集群发展，提升了整体国家的效率和竞争力。目前，东京都市圈内形成了明显的区域职能分工体系与合作体系。日本政府颁布的多部法律和经济圈规划对东京都市圈的发展起了重大作用。同时，注重保护继承传统特色产业和现代化产业转型有机结合，很好地打造了都市圈内城市产业的差别性和多样性，也体现了城市发展对历史的尊重和继承。日本东京都市圈是典型的追求效率、参与世界竞争的城镇化路径模式。

2.3 欧盟城镇化：追求效率和公平的平衡

欧洲，城镇化历经两百多年的实践。1600年，整个欧洲只有1.6%的人口居住在城市。18世纪英国工业革命带来最早的城镇化浪潮，欧洲城镇数量和城镇人口呈爆炸式增长，到1950年，欧洲城市人口比例为50%，集中了全球40%的城市人口，占比居世界之首。欧洲城镇化独具特色，注重合理的空间布局，注重基本公共服务，注重城镇的多样性。

20世纪以前，多数欧洲城市存在住房短缺、疾病蔓延、犯罪率高和贫民聚居等社会问题。直到政府全面介入城市管理和公共服务，这些社会问题才得到明显缓解。这表明，城镇化意味着政府职能的扩大与转变，城市管理与公共服务成为政府日常行政的主要内容。

欧洲各国的城镇化模式是由特定的政治、经济、文化因素决定的，因而差异很大。在英国工业化过程中，政府对工业布局不加行政干预。这使得英国的城市发展更多地围绕工矿区展开，新兴工业城市一般有比较便捷的运河、港口、铁路等交通优势。相比之下，法国小农经济势力较强，工业化进展较慢，而且工厂主要集中在巴黎等传统政治中心城市周围。所以，法国的城镇化主要是通过这些城市的扩张实现的，小城镇直到二战之后才有所发展。德国是由38个各自为政的小邦国组成的。由于这些邦国都有各自的政治、经济中心城市，使德国的城镇化可以比较均匀地在全国铺开，布局较为合理。可见，任何国家的城镇化都不是在一张白纸上进行的，政府应该因势利导，综合考虑经济规律和其他因素的影响，推动城镇布局合理化。

2.4 借鉴与启示

通过对各国城镇化发展模式的借鉴，得到以下两点启示：

（1）尊重差异化。对有竞争力的战略地区，国家给予工业化方面的政策支持；对没有工业化条件的扶贫地区，国家通过转移支付的手段支持扶贫地区的城镇公共服务设施建设和本土化生态旅游资源的开发。

（2）因地制宜制定城镇化发展方针和策略。美国城镇化是典型的追求区域发展公平的路径模式；日本东京都市圈是典型的追求效率、参与世界竞争的城镇化路径模式；欧洲城镇化是注重合理的空间布局，注重基本公共服务，注重城镇的多样性的路径模式；德国制定了城镇化健康发展的公共政策；韩国推行“政府主导性发展战略”，实行有效的计划干预。因地制宜、发挥不同地区优势、注重环境应是区域可持续发展的核心。发达地区重点围绕追求效率、参与国际竞争来制定城镇化战略方针政策；不发达地区重点围绕缩小区域差距、推进区域公平、实现社会公平发展来制定城镇化战略方针政策。

3 对中国城镇化差异发展内涵的理解

对中国特色城镇化道路的认识经历了从扩大内需到强调城镇化质量，再到强调人的城镇化的发展。通过对城镇化推进过程中的差别化特征的认识，以及国外城镇化对差异性特征实践认识的经验借鉴，笔者认为，对中国特色城镇化认识在发展模式转变的基础上，还要更多地理解“新”的差异化内涵。

（1）中国特色城镇化道路是强调区域差异性的路径模式，这是特色的差异性内涵。“新”的内涵是要尊重各地区城镇化的客观差异，这种客观差异是各地的发展特色，是比较优势，更是竞争力。

（2）中国特色城镇化道路是强调发展目标的差异性，对于发达地区要强调追求效率的发展责任，对于不发达地区要强调追求公平的社会责任。“新”的内涵是要尊重地区发展的不平衡性，通过发展来解决公平问题，实现效率和公平的城镇化平衡。

（3）中国特色城镇化道路是强调功能多元化、体系合理化，强调城镇化职能转化、不同规模等级之间的城镇协调发展。“新”的内涵是要尊重城镇等级的差异性，不同层级的城镇要根据其能力来承担不同的功能任务，使其发挥应有的功能作用。

4 我国城镇化差异发展的对策

当前和今后相当长一段时期，我国仍处于城镇化快速发展阶段，也处于经济社会发展的重要战略机遇期和社会矛盾凸显期。为此，必须识别出不同类型的城镇化地区，制定差异化的城镇化发展政策，分类指导、有序推进，实现我国城镇化的健康和可持续发展。

4.1 促进沿海与内陆联动发展

面对中国东、中、西部的地区差异较大的客观现实，推进中国特色城镇化必须要有分区域的思路路径，不能全国“一刀切”。

4.1.1 东部地区，效率为先，逐步打造更具国际竞争力的城市群

东部发达地区要提升京津冀、长三角和珠三角城市群，率先转变经济发展方式，提升参与全球分工与竞争的层次，推动“巨型城市”职能提升和空间格局优化，强化上海、北京、广州等城市的国际化职能发展，提升其在世界城市体系中的地位，着重提高城镇化质量，在国家的发展中发挥区域中心的作用。

4.1.2 中部地区，发展为主，点轴带动培育壮大若干城镇群和都市区

中部地区要加快城镇化发展，壮大中心城市，增强对区域经济发展的组织、协调和引领作用，提高各级城镇综合承载能力，重点推进太原城市群、皖江城市带、鄱阳湖生态经济区、中原经济区、武汉城市圈、环长株潭城市群等区域发展，实现以线为主、点面结合，点轴带动发展模式。通过制定激励政策，鼓励人才、产业等向中部地区转

移，实现中部崛起。

4.1.3 西部地区，扶持为主，培养重点城镇增长极，发挥好带动效应

西部是全国的生态屏障，分布着大量的山地、森林、草场、河滩、沙漠，有大量的生态保护区。西部地区要引导人口向发展条件好的城镇集中。加强对西部地区基础设施条件的投资，扩大这些城镇对外经济和社会交流的通道，以利于这些地区的城镇发展水平在较低的起点上，尽快形成增长极，以便更多地吸纳农村人口的转移，同时着力进行环境保护和生态恢复。

4.2 促进大、中、小城市协调发展

中国地域广阔，大、中、小城市分布不均衡，城市规模等级差异巨大。所以，推进中国特色城镇化必须要有分类发展的思路，不同规模的城市在中国特色城镇化道路发展中所发挥的功能作用是不一样的，必须各司其职、各有所能。

4.2.1 大城市要提高竞争力，合理吸收人口

大城市要提高竞争力，推动城市职能升级，培育国家中心城市体系，发挥引领、门户作用。通过优化产业结构，使产业结构不断升级，提高产业竞争力；通过吸纳各种创新人才，加强对知识和技术的开发和利用，提高经济实力；通过发展文化创意产业，提高城市文化软实力竞争力，实施“面向区域，联动周边”的空间调整策略，推动职能疏解和空间布局优化，建立起既有机疏散而又紧密联系的城镇功能网络结构，有效增强城市——区域的综合承载能力。

农民工市民化是当前大城市面临的突出问题。农民工是推进城镇化发展的主体力量。在城镇化推进过程中，要尊重农民工意愿，切实维护

农民权利，合理引导农民工就业，提供一个适应农民工就业培训的平台，使之有序、自愿、公平地变成城市市民。

4.2.2 中、小城市要加快人口聚集，全面开放吸收人口

中小城市要强化内生发展，在城乡统筹发展过程中发挥核心作用。中小城市要积极引导城镇人口、农村人口向中小城市集中；要加强教育、医疗、住房等设施建设；鼓励外出人口回乡创业。区别发展条件，对于城镇群、都市区范围内的中小城市要推动与中心城市的统一规划，统筹管理，错位发展，实现资源要素与经济产业发展的统筹布局。范围之外的中小城市，要高度重视村庄空间保护和特色构建，以公共服务能力强化和特色产业培育为重点，采取政策扶持增强城镇化发展能力，推动城乡基本公共服务均等化。

小城镇处于农村之首、城市之尾，是服务于农民生活和农业生产的基本网络节点，要重点扶持，分类指导，促进小城镇特色化发展。有选择地支持一批重点镇加快发展，促进农业现代化和城镇化协调推进，支持小城镇发展。特别是沿海发达地区，要积极推动镇发展为镇级市，强化其公共设施配置，创新城镇化服务体系，促进自下而上的城镇化发展。

4.3 合理选择城镇化空间路径和发展模式

推进中国特色城镇化要处理好工业化、农业现代化和城镇化的关系，尤其是发展阶段之间的关系，因地制宜选择城镇化的空间政策。

4.3.1 以区域中心城市为主体的城市群地区是产城融合发展的重要载体

以区域中心城市为主体的城市群地区要重点处理好工业化和城镇化的融合，积极推进新型工业化进程，实施产城融合的发展路径，制定有

利于产城融合的城镇化发展政策。

在城市产业选择上，要符合城市资源禀赋，彰显城市特色，合乎产业发展规律。因而旧城中心城市为主体的城市群地区一方面要把城市转型与调整产业结构、培育新兴产业、发展服务业、促进就业创业结合起来；另一方面，要把就业转型与城市转型相结合，以满足国际化人口的生活需求，真正做到产城融合，高效集约，产业高端化、园区城市化、环境生态化。

4.3.2 要发挥县城在城乡统筹过程中的核心作用

县城是县域社会经济发展的中心，也是我国解决三农问题的重要空间载体。县城发展工业、推进工业化的目的是通过本地资源的工业化过程促进本土化就业，解决就近农民市民化问题，以提高城镇化生活质量，缩小城乡差距。由于我国山区、平原、沙漠、干旱等地区城镇体系格局各异，县城、镇（乡集镇）、村各自的功能作用差异也较大，且在新的发展环境变迁中城镇各层级的功能也在发生深刻变化。因此，县域城镇化也要因地制宜选择城镇化路径模式。

以县城为主体的中小城市、不发达地区要重点处理好城镇化和农业现代化的渗透协调，通过农业现代化和适度的工业化，重点解决农民就业、增收问题，实现中小城市（县城）和农村的城乡统筹协调发展，构建工农联动、城乡联动的新型城乡关系。

（1）尊重农民意愿，构建新型城乡关系

双栖是未来农村长期存在的一种城镇化人口流动方式，生产在农村、居住在城镇将是未来农民的主要生活方式。避免一味地把农民赶上楼、赶到城镇，要更多地尊重农民意愿，把新型农民留下来，构建新型的城乡关系。

（2）要分类引导县域城镇化发展

受机动化因素影响，镇级功能在削弱，因此平原地区，要构建县城—农村社区的城镇化中心等级体系格局是高效的，也是长远的；受山区道路交通条件的限制，镇级功能仍发挥核心服务作用，因此山区县要构建县城—镇区—农村社区的城镇化等级体系格局是尊重差异性的现实选择。

4.4 城市建设要保持城镇空间特色，传承地方文化脉络

在新区发展的同时，要注意把控旧城区场所、肌理以及空间关系。由于这些要素是经历多年“自下而上”自然形成的，是构成居民认同感与归属感的心理外化的结果。规划要处理好新区和老区的关系，更好做到城市文脉的延续、场所精神维系以及空间肌理的保持。

城市建设避免大而全、千篇一律，要有特色空间塑造，要挖掘城市特色，塑造有灵魂和个性的城市，城市的规划建设也必须根植于地方文脉，继承与发扬地方文脉精华。不能把大城市的设计方法延伸到小城市，要区别对待。中、小城市要通过人性化、有特色的“微空间”设计，形成对大城市的比较优势，营造“慢生活”而不是“都市生活”，构建的是“特色空间”而不是“地标空间”，使城市更宜居。

5 制定差异性的城镇化政策，积极推进城乡要素的合理配置和流动

根据上述“中国特色城镇化道路”的差异性内涵的理解，在制定具体的城镇化政策过程中，中央政府和各地方政府也需要实事求是、因地制宜，不能简单把城镇化政策行政化、主观化。

（1）农民工市民化要以就近城镇化政策制定为主

建立农民进城后承包地和宅基地等农村土地自愿有偿退出的机制；

尽快设立中小城市和小城镇专项基金；改革完善现有征地制度，逐步建立城乡统一的建设用地市场；鼓励跨区域流动性农民工回家乡创业，在项目服务、用地政策、税费减免、奖励扶持、资金帮扶、户籍准入、子女入学、住房保障等方面形成完整和操作性强的农民工回乡创业政策支持体系。

（2）农村土地市场化要以客观的级差地租为基础，合理建立城乡土地统一要素市场

根据土地的级差地租理论，距离城市越近农村土地价值就越高，反之就越低。根据机动化的时间距离计算，笔者认为，城市50km内的土地可推行城乡统一市场，土地出让金纳入地方政府土地财政；城市50km外的土地可以将宅基地和现成建设用地置换，积极引导远离城市的农民进城居住，对于这一地区的农村土地不宜实行城乡统一土地市场，需要通过政府的转移支付实现农民工市民化。

（3）以地级市为单位实施城乡户籍一元化登记制度，适时推进省会城市、副省级城市、直辖市的户籍门槛制度改革

按照建立城乡统一的新型户籍管理制度要求，全面推行一元化户籍管理制度，逐步取消农业和非农业户口性质的划分，建议统称为“居民户口”，按实际居住地登记户口；要逐步剥离附加在户籍上的不公平福利，在中小城市特别是地市级城市以下全面放开户籍限制，大城市逐步放开，确保大城市的外来人口在居住地的待遇得到改善、享受到当地的社会服务。另外，要适时推进省会城市、副省级城市、直辖市的户籍门槛制度改革，对于通过技能培训、具有高级文化水平的外来人口要优先考虑落户。

（4）建立公平的、不损害农民利益的农业资本投资准入制度，积极推进城镇化健康公平发展

积极推进农业土地制度的改革，构建科学的农业补贴框架和实施规则，建立和完善农业投资风险分散和转移的保险机制和规避工具，完善

农业生产要素市场，促进农业用地的规模化、集约化经营和农村劳动力的有效流动和有序转移，进而提高农业生产率，改善农民的生活水平和社会地位，避免贫困的代际传递，从制度上彻底消除累积性的农业投资制度性风险，积极推进城镇化健康公平发展。

6 结语

城镇化是推动我国经济社会持续健康发展的重大战略。实施城镇化，是继1982年家庭联产承包责任制、1992年社会主义市场经济体制之后的又一次制度创新。在这种特殊时代背景下，我国城镇化的发展必须进行战略思想和发展模式的积极转变。面对各区域资源禀赋和历史文化环境的不同、历史机遇的差异，各地的城镇化建设也面临着不同的情况，推进城镇化，关键是要因地制宜，尊重差异，制定差别化的城镇化目标和战略，要求适合自身特点的城镇化路径，发挥政策的积极引导作用，鼓励分类型探索，积极推进不同区域、不同规模城镇的城镇化进程，形成特色群的城镇化之路。

参考文献

[1] 仇保兴.应对机遇与挑战[M].北京：中国建筑工业出版社，2009.

[2] 陈明.转型发展看中国的城镇化战略[J].城市发展研究，2010(10)：1-8.

[3] 李浩."24国集团"与"三个梯队"[J].城市规划，2013(1)：17-23.

[4] 张泉.江苏省城镇化历程回顾与展望[J].江苏建设，2013(5)：6-19.

[5] 中国城市规划设计研究院.中国城镇化发展的空间规划和合理布局研究[R].2012.

[6] 樊杰，王强，周侃，等.我国山地城镇化空间组织模式初择[J]，城市规划，2013(5)：9-15.

资本逆城镇化在城镇化中的作用初探

摘　要：城镇化，资本投入是重要支撑。通过对国内外城镇化发展规律的研究，揭示政府职能科学定位的重要性和推动资本逆城镇化的必要性，探讨相关制度优化和政策设计的具体措施。

关键词：城镇化；资本；产权；公共政策

城镇化，资本投入是重要支撑，资本的逆城镇化和人口的顺城镇化，以及两者在城乡间的自由流动，是保证城镇化健康、可持续发展的基础。城镇化是经济社会的自然演进过程，因而其发展引致的投入需求也必然是长期的。激发社会资本投入城镇化的关键，是农村资源资产产权的明晰和产权交易平台的搭建，这是政府推动城镇化的最重要的源头性制度设计。同时，改革涉农支出制度，是政府可控资源更有效向农业农村倾斜、缩小城乡差距、推进城镇化的创新性选择。

1　城镇化是市场主体自发参与、政府规划引导的经济社会自然演进过程

城镇化是一个国家和地区在实现工业化、现代化过程中所经历社会变迁的一种综合反映，在经济、政治、法律、社会、文化等领域的自然演进过程。这个过程应该以市场主体的自发参与为主，让居民自主选择进城还是下乡，以双向的自由流动来推动城镇化，大中小城市和城镇的发展，应该定位于主要依靠市场的自主选择，避免我们曾经走过的政府采用硬性行政指令推进产生的种种弊端——政府高负债率、强拆带来的复杂社会矛盾、农民进城不能安身立命等，尊重其发展的内在规律。

1.1 厘清政府职能边界

从国外发展历程来看，城镇化中，政府的作用也是必不可少的，主要体现在基础性制度建设和规划引导方面。美国前国务卿基辛格在《论中国》中说过，政府的调控管理职能主要是通过引导、诱导和基础性调节实现的。政府调控经济社会运行的工具，首选是经济手段，其次才是法律和行政的手段。尤其是在我国政治体制下，要加速城镇化进程，需要政府职能合理定位，采取科学的政策体系和实施手段，进行制度顶层设计，提供基本公共服务。

1.2 城镇化是市场主导的过程

纵观古今中外，城市不是靠行政命令得来的，是农耕渔业技术发达、农产品有足够剩余以后，手工业、商业从农业中自然分离、聚集的

结果。当代，我国的北京、上海，韩国的首尔都市圈，墨西哥的墨西哥城，日本的东京都市圈，作为国家的政治中心、经济中心和区域发展龙头，具有其他城市难以比拟的地位和优势，对人口聚集有超强的吸引力。大城市病在这些城市不同程度地存在着，特别是北京和上海。20世纪80年代以来，我国历次城镇发展规划的重要内容之一，是限制超大城市人口规模，但在市场的自主选择之下，政府规划显得有些苍白，北京、上海、广州、深圳四个一线城市的人口仍在快速增长。因此，政府在城镇化进程中的，采用户籍、住房、社会保障等方面给予行政命令式的限制不是明智的选择。农民工和蚁族进入超大城市、大城市的目的只有一个，那就是寻找更好的就业岗位、更高的收入和更多的发展机遇，这些机会源于各类企业的发展，企业则按照利润最大化原则自主布局（国有企业除外）。因此，城镇化是政府顶层规划和市场自主选择相互作用的综合结果。

城镇化中，政府和市场的责任已经基本厘清。企业、组织、居民等是城镇化的重要参与主体，政府的职责是提供不断完善的制度设计、适度超前的规划引导、基础设施建设等基本公共服务，而不是单纯拿钱铺摊子、上项目。这种责任，不会像有些专家学者主张的城镇化，接纳一个农民会增加10万元的建设成本，夸大中短期对政府带来的有形、无形的投资压力，进而提出“钱从哪里来”的问题。因为农民进城的前提是有稳定的就业，也就是说，创造财富在先、享受公共保障在后，或者二者是同时发生的，不存在政府投入大量资本以先筑巢、后引凤的问题。相反，城镇化之所以与工业化互为促进，相辅相成，就因为进城农民是城市“社会净财富”的创造者，城镇化是经济社会发展进程中的正能量。而且，城镇化是长期的自然历史进程，投入也不必一蹴而就，所以不存在政府有投入“骤增之累”。

1.3 发挥好政府规划引导功能

在城镇化规划中，需要因地制宜，着眼于经济社会发展长远目标，在追求效率和公平之间有清晰的定位。19世纪初，美国对田纳西州的田纳西河流域，根据上中下游的不同特点，进行扶贫式综合开发，以“追求公平”推动城镇化。20世纪中叶，在日本东京都市圈的发展中，政府通过颁布法律和都市圈规划，结合产业基础、文化传统、发展目标，实现了制造业、科技研发、物流、文化中心等实体经济，与占据信息、技术、人才、资金优势的金融产业，二者的良性互动发展，是典型的“追求效率”、参与国际分工的城镇化路径模式。在我国当前和今后一段时期的城镇化中，将超大城市、大城市担负的区域政治中心、经济中心、文化教育中心等功能剥离、分割，适度分散到就近的中等城市或具有一定距离的政治经济社会次中心，实施“双高”或“N高”带动战略，引导企业、居民等市场主体分散到不同的城市乐业安居，防止出现超大城市、大城市过度发展，中小城市相对滞后，小城镇缓慢甚至停滞不前的失衡局面。小城镇的发展，需要以产业作为基础，防止人为撮合、拉郎配、归大堆。在这方面，我国一些地方进行了成功的探索实践。例如，湖南中联重科集团带动的城镇建设，其特点就是“建设一个园区、集聚一批企业、形成一片城镇、繁荣一方经济”。从长沙到常德沿线的267km范围内，布局12个制造园区，12个制造园区就变成了12个新的城镇，形成了一个工业走廊。通过这样的实体经济的发展，促进了城镇化的区域自我造血功能——企业发展可持续，城镇化可持续。再如，湖南大汉集团为代表的文化产业带动型城镇化建设。该集团着眼于深度挖掘当地的历史文化、自然生态资源，与当地政府合作，围绕城市基础设施、商业设施、城市环境、城市文化等领域进行系统性的规划、开发，提升发展品位，激活内生动力，先后参与30多个边远县城开发。这些以产业化为基础逐步实现城镇化的尝试，稳步扎实，市场自主发展和政府因势利导规划密切配合，推动了小城镇的建设发展，增强了对农民的吸纳能力。

2 城镇化需要市场化资本投入

各种历史的、制度的、自然的因素纠合在一起，造成了我国目前巨大的城乡差距。农业和农村需要增量投入，消除经济社会发展的瓶颈和短板，以缩小城乡差距，这也是城镇化的核心要义之一。

2.1 农业农村投资需求巨大

中华人民共和国成立以来，在基础设施建设、社会保障、就业、教育、文化、环境保护、卫生等领域，中央和地方政府对农业、农村、农民的投入，大大滞后于城市和工业，农村的综合发展水平远低于城市。因此，加快城镇化，必须要“拉长对农投入”这一被历史无情锯短的腿，解决城、乡之间越来越严重的跛行问题。

在农村金融资本不足且严重外流的情况下，如果没有政府的规划引导，会产生“马太效应”，甚至影响整个社会的稳定发展。据国家开发银行估算，未来3年我国城镇化投融资资金需求量将达25万亿元，平均每年需要8万多亿元投入。十八届二中全会提出的基础设施建设和社会事业发展向农村倾斜，需要的就是政府引导下的市场化投入。需要特别明确的是，政府引导而不是政府主导；市场化投入是主体，而不是补充。

资本的逆城镇化和农民的顺城镇化，两者相辅相成、唇齿相依。资本，其天性就是追求更多利润，因农业经营特有的长周期性和高风险性，资本对到农业农村投资积极性不高，需要政府进行引导。每个人都有追求自由、幸福生活的原动力。农民，从农村到城市，是为了寻找更多的就业机会，其动因是内生的、自发的。农村人口的快速、大幅减少和老龄化，对土地集约化经营产生了倒逼机制，需要工商、金融等资本的进入；农村资本、管理、人才短缺带来的洼地效应，以及高品质农业带来的高收益，注定社会资本投入农业农村的趋势不可阻挡。

2.2 国内资本供给相对充足

国际货币基金组织公布的数据显示，2005年我国的储蓄率51%，全球平均储蓄率仅为19.7%。2013年9月，我国居民储蓄余额突破43万亿元，是全球储蓄金额最多、人均储蓄最多、储蓄率最高的国家。我们面临的问题是，如何激发民间资本热情，释放其强大活力，投入新型城镇化建设。

2.3 以制度建设激发社会资本力量

马歇尔认为，土地价格是其可能提供的纯收入的折现价值。费雪认为，土地具有固定相性，交易费用繁多，需要进行制度变迁降低交易费用，对所有者有利的制度安排可提高资源利用效率，导致劳动力、资本等其他生产要素对其有所偏爱，使土地成为资本的前提是产权明确清晰。没有产权的社会是一个效率绝对低下、资源配置绝对无效的社会。产权具有明确性、专有性、可转让性、可操作性，四个特征缺一不可，共同构成一个完整的整体。中华人民共和国成立以来的几十年中，农村的资产、资源名义上是国家和集体所有、农民使用，实际上国家和集体的产权在法律意义上是模糊的、不完全的，带来了资产资源的低效使用，阻碍着社会资本进入农业农村，造成了农业农村的严重失血和日益严重的城乡差距。激发社会资本投入农业农村，重点是明晰资产资源的产权，降低交易费用，消除资本自由流动的障碍，实现城乡资源的最优配置。

3　资本逆城镇化公共引导政策

3.1 财政体制设计是根本性措施。各级政府之间资源分配和利益调节的主要手段是财政体制

现行财政体制下，地方政府看重的是外来人口的财政贡献，而不愿给他们提供基本公共服务，推卸应承担的责任。要解决这个问题，引导地方政府愿意更多地接纳农民进城，中央进行顶层设计调整并不复杂。当前，中央对省、省对市县、市县对乡计算一般性转移支付时，一般按照特定人群的人口数，比如机关事业单位人数、参加社会保险的人数等；下一步，需要改进计算办法，按照区域常住人口拨付；并且对500万人口以下城市，超过户籍人口的常住人口数量，按照2倍、3倍甚至更高的标准计算转移支付，激励人口流入的地区，一般也是经济发达、财政实力较强的地区，有更高的积极性吸纳新增人口，使其更多地承担转移农民化为市民的责任。这种体制设计，遵循了人口流入地既享受人口红利，又提供相应基本公共服务，二者权利、责任相统一的原则。

3.2 多方引导资本投入农业农村

城镇化资本投入，需要在增强城镇吸纳能力和加快农业农村发展两个方向上着力。针对制度缺损状况，进行机制、体制建设，创造良好财

税政策环境。

3.2.1 调整对农业征税政策

2006年1月1日完全取消农业四税政策，得到了广大农民的支持，但同时也带来了其他方面的影响，比如地方政府失去了直接来源于农业的收入，对农业生产发展的关注开始下降。地方政府的积极性不能很好地调动，就意味着这项产业、事业或者领域会逐渐走向衰微。因此要加快农业现代化发展，通过对农业种植养殖等生产恢复适度征税，对县、乡政府来源于基础生产环节的税收，由中央给予数倍的返还或者补贴，以激励其更好地关注农业，也能够更有效实现中央在重视粮食生产和农产品质量方面的政策导向，而且政策调整起来更加灵活、便捷，更好地体现财税杠杆在重大战略目标实现方面的职能作用。

3.2.2 通过金融杠杆撬动社会资本投入

在扶持农业发展上，政府支出规模在短时期内不可能大幅度增长。因此，运用金融杠杆撬动社会资本，以市场化的方式放大政府对“三农”投入的作用，并且依靠市场机制选择扶持的方向和项目，更加理性和高效。比如，对金融机构发放的涉农贷款余额比上年增长一定比例（如15%）以上部分，各级政府给予风险补贴（如2%），相当于增加了单笔贷款近50%的纯利润，大大提高金融机构积极性。不仅可以几十倍地放大政府直接投入效果，而且项目的选择会更加贴近市场，能够更好地满足城乡居民生产生活需求。

3.3 改革财政支农资金使用方式

当前，财政扶持农业农村发展的资金项目达50多项，分散在发改、财政、农业、经信、卫生、人社等十几个系统，带来的浪费和腐败触目惊心，迫切需要从体制上解决问题。

3.3.1 中央改变财政职能分割、弱化状况

回收分散在上述部门的切块资金，委托一个强有力的行业主管部门，比如实行大部制改革后的农业农村部，统筹设计对各省市自治区的农业发展需求和发展质量的评价指标体系，按照发挥比较优势、满足国内基本需求的原则，测算各省市自治区农业发展对中央扶持资金的需求，由财政部门根据中央财力情况安排预算，以一般性转移支付资金直接拨付到省级财政部门，省级政府自主统筹安排本级的农业支出。突出对公益性的城镇化基础设施重大战略性目标实施的支持，比如粮食安全等。省以下，以此类推，不再就项目论项目，杜绝“跑部钱进”，从制度层面提升资金使用效益。

3.3.2 运用PPP整合政府和社会力量

对符合国家新型城镇化政策方向和区域发展需求的准公共项目，只要有经营性收入、有预期的现金流，宜采用PPP（Public-Private Partnership，即公私合营）方式，建立动态调整的收费定价或政府补贴机制，发挥好政府支出的引导作用，形成长期稳定的投资回报预期，运用“一次承诺、分期兑现、定期调整”的预算管理方式，吸引社会资本投入，促进政府更好地优化资源配置、增进社会公平。

3.3.3 明确地方债收入用途

根据国家审计署发布的数据，2013年6月底，全国各级政府债务余额（含或有债务）30.28万亿元，结论是债务风险总体可控。不过，具体到某市某县，情况就大不一样，越发达的地区负债率越高，蕴含的风险越大。2009年开始中央代地方发行政府性债券，2012年在上海等地试点自行发债，2013年扩大到山东等地。这些发债收入，应该作为政府

种子资金，通过资本市场争取到1:2以上的金融资本配合，用于对当地经济社会发展打基础、利长远的项目，特别是城镇基础设施建设项目，既增强城镇对新增人口的吸纳能力，也支撑创造更多社会财富和财政收入，为政府债务偿还提供“现金流”。

3.3.4 创新发挥政府融资平台作用

目前，市、县两级政府融资平台逐渐改革改制，转化为规范的市场运营主体，拥有相当数量的土地等资产资源，即融资的抵押物、质押品，但是这些资产的流动性不强，影响了政府融资平台功能的发挥，以及对债务风险的自我化解能力。特别是东部地区，政府负债率比较高，如果资产资源流动性不强，在当前房地产市场前景不明朗的情况下，土地资产难以变现或者变现收益较低，偿债需求和现金收入在时间上错配，潜在风险就会显性化。因此，需要鼓励政府融资平台对储备的土地进行资产证券化，支持银行等金融机构开展金融创新，加快资产和资金的流动。

十八届三中全会提出，要“发挥市场在资源配置中的决定性作用”“发展混合所有制……”。因此，在竞争性领域，大幅度减持国有股份制企业的国有股是大势所趋。减持所获资金，主要注入地方融资平台。而且，在国有股权减持过程中，还可引致各类企业主体对融资平台的资本参与，增强其自我健康发展能力，发挥对城镇化的正面推动作用。

4 结语

城镇化是市场主体自发参与、政府科学规划引导的、长期的自然历史演进过程；因此，城镇化的投入需求也是长期的，而不会产生政府投入“骤”增之累。资本的逆城镇化和人口的顺城镇化，以及二者在城乡间的自由流动，是保证城镇化健康、可持续的基础。产权制度的完善和创新PPP模式，是激发社会资本投入农业农村的源头性制度设计。改革涉农支出制度，是政府可控资源更有效向农业农村倾斜、缩小城乡差距、推进城镇化的创新性选择。

参考文献

[1] 巴曙松，杨现领.城镇化大转型的金融视角[M].福建：厦门大学出版社，2013.

[2] 杨德强.省以下财政体制改革研究[M].北京：中国财政经济出版社，2012.

[3] 楼继伟.中国政府间财政关系再思考[M].北京：中国财政经济出版社，2013.

[4] Kornai J Maskin E，and Roland G. Understanding the Soft Budget Constrait[J]. Jouranl of Economic Literature，2003(4).

[5] 樊杰，王强，周侃，等.我国山地城镇化空间组织模式初择[J].城市规划，2013(5).

干旱、半干旱地区城市园林绿化的探索与思考

摘　要：对我国北方干旱、半干旱地区城市园林绿化中存在的问题进行分析和研究，提出干旱、半干旱地区城市园林绿化的对策。主要通过合理利用城市水资源，充分利用非常规水资源，大力推广节水型灌溉方式，优化植物配置，合理选配树种等措施，实现干旱、半干旱地区城市园林绿化的持续健康发展。

关键词：干旱地区；园林绿化；节水

要改善干旱、半干旱地区的生态环境，就必须开展大规模的植树造林、栽花种草，实行大地园林绿化，而进行这些生态建设，都绕不开一个“水”字，水又是干旱、半干旱地区发展、园林绿化的最大瓶颈，如何破解这个瓶颈，实现这些地区城市园林绿化的可持续发展是我们必须回答的现实问题。下面，从城市园林绿化在改善城市生态环境中的作用，干旱、半干旱地区城市园林绿化中遇到的突出问题及解决这些问题的对策三个方面进行阐述，希望能对相关地区城市园林绿化提供借鉴。

1 城市园林绿化在改善城市生态环境中的作用

城市园林绿化是提高环境质量的重要途径，是展示一个城市物质文明和精神文明的窗口，是人们文化素养和道德风尚的体现。一个良好的城市园林绿化系统在改善城市生态环境方面能够起到以下五个方面的作用：一是能够净化城市空气、水分、土壤，降低噪声，有效保护居民健康；二是能够调节气候，改善城市空气的流通，减低城市热岛效应，增加空气中的负离子含量，为居民创造舒适的城市小气候；三是用植物造景和绿色文化来提高城市景观的美学质量，使人得到清新、愉快的自然美感，有效缓解城市对人的压抑感；四是提供遭遇自然灾害时的避灾防灾的安全带；五是建造以植物造景为主的公园，能够丰富城市居民的精神生活，体现生态文明和社会文明。

城市园林绿化是城市生态系统的一个子系统，它在保持整个城市的生态平衡方面起积极作用，是实现城市可持续发展战略的重要生态措施，在城市建设、改善城市生态环境中的重要性日益突显。园林绿地已成为提高人们生活水平不可缺少的部分，是人们茶余饭后户外活动的理想去处，可以满足人们游憩、锻炼、娱乐、社交活动的需求，满足了人们返璞归真、向往大自然的美好愿望。

2 干旱、半干旱地区城市园林绿化存在的突出问题

近年来，由于气候变暖、降水减少、人口增加、工业快速发展、资源过度消耗等原因，致使水资源严重短缺、城市生态环境受到极大的破坏，特别是我国北方一些干旱、半干旱地区的形势更为严峻。面对不断

恶化的生态环境，不得不进行生态建设，开展城市园林绿化，其间不可避免地会遇到诸多困难和问题，主要体现在以下几个方面。

2.1 灌溉方式落后，水资源浪费严重

我国北方一些地区城市园林绿地灌溉大多数以地面浇溉为主，这种方式不仅会造成严重的水分流失，还经常会出现跑水现象，加重水资源危机。利用人工浇灌，常常因浇水不及时、不均、不足或过量，而致草坪、苗木枯死，从而影响绿化效果。而诸如喷灌、滴灌、地下渗灌等先进的节水型灌溉方式，应用甚少。并且灌溉用水基本都是自来水，没有利用中水、雨水等非常规水资源，加剧了绿化用水与居民用水矛盾。

2.2 园林植物配置不合理，增加园林绿化用水量

随着“草坪热”持续升温，城市绿地中草坪的比例在逐年上升，而乔木、灌木的比例逐年下降，有的地方甚至出现挖树种草的现象，这不仅降低了绿地系统的生态效益，而且增加了城市园林绿化的用水量。这对于我国北方缺水地区来说，实在是一种“高消费”。我国北方一些地区城市园林设计中过分追求观赏性、异地情趣，忽视了植物的生长条件，大量引用热带雨林树种，不但增加绿化用水量和养护管理的费用，而且成活率低下，大大影响了园林绿化景观效果。

2.3 城市园林用水体系不完善，水资源利用率低

水体作为城市园林绿化建设中不可或缺的、最富魅力的要素之一，在大多数城市园林绿地中都设计了一定面积的水景，如喷泉、瀑布、人

工湖等，这些人工水景一般都依靠城市自来水系统维持，每年需消耗大量的水资源。利用后的水大多直接排于下水道，没有用于绿地灌溉或补充到城市水系之中。同时，人工水景由于水质保持难度较大，为了保持景观又不得不经常换水，进一步增加用水量和维护费用。粗略计算，一个500m^{2}的小水景，每年也得投入20万～30万元的养护费用。

2.4 城市园林养护措施落后，植物生长缓慢

一些园林工作者由于工作环境恶劣、工资待遇不高等状况长期得不到改善，以致他们主观态度消极，工作热情不高，加上很多园林工作者都是临时聘用，他们年龄偏大、能力不强、素质不高，缺乏园林绿化栽植、养护知识，只能进行拔拔草、浇浇水、喷喷药等简易原始的养护操作，缺乏修剪、施肥、预防病虫害等专业知识，对园林绿化中出现的各类问题，不会解决或不能及时解决，造成园林植物长势不佳、整形单一，直接影响到园林绿化的景观效果和园林植物的生长速度，甚至导致园林植物枯死。

2.5 城市园林建设投入不足，养护管理不到位

这是城市园林绿化工作中较为普遍的现象。目前，我国北方一些干旱、半干旱地区政府的财政投入主要用于抗旱保收，保证城乡居民正常生产生活需要方面，对城市园林绿化特别是园林绿化的后期养护管理方面重视不够、投入不足，基本上管理是形同虚设。养护管理的缺失，严重影响园林植物的生长和园林生态效益的发挥。

3 解决干旱、半干旱地区城市园林绿化问题的对策

面对我国北方干旱、半干旱地区夏秋两季炎热少雨、冬春两季寒冷多风的气候特点，加强生态建设、加大园林绿化势在必行。在城市园林绿化过程中，要统筹分配生活生态生产用水，积极研究探索走节水型、节地型、集约化的路子；要栽植节水型植物，多建节约型绿地，大力发展集约型园林；要普及推广先进节水的滴灌技术，积极推行污水资源化和雨水的利用；要坚持园林绿化以植物造景为主，优化植物配置，优先选用乡土树种，使园林绿化发挥最大的生态效益和经济效益。

3.1 合理利用水资源和节水技术，切实解决用水矛盾

开展城市园林绿化，建设节水型园林应从开源和节流两方面入手，一方面要在增加可利用水源总量上想办法，可采取污水资源化、雨水回收利用等措施；另一方面在水的运输和灌溉上下功夫，尽可能减少水资源消耗。

3.1.1 加大非常规水源利用，增加可用水源总量

非常规水是指区别于一般意义上的地表水、地下水的水源，它包括污水处理回用水、海水、微咸水、雨洪水等。非常规水利用量的多少，是一个城市水资源开发利用先进水平的重要标志。目前，我国城市园林绿化以自来水为主，从而造成了绿化用水与居民用水的矛盾，特别是在干旱少雨地区这一矛盾尤为突出。在水资源越来越匮乏的今天，城市园林事业要发展，就必须解决水源问题。而充分利用非常规水，是解决这一矛盾的有效途径之一。

一要加大污水资源化利用。污水资源化又称污水回收，是把工业、农业和生活污水回收，经过物理的、化学的或生物的方法进行处理，达到重新利用标准的过程，是提高水资源利用率、实现水可持续利用的重要途径。利用污水资源化对城市园林进行灌溉，在一些发达国家已有几十年的使用历史，尤其是在以色列，城市园林绿化80%以上的用水，是对污水资源化处理后结合现代灌溉技术进行的。我国城市污水量大且相对集中，水量、水质均比较稳定，大部分可以通过简单的一级或二级处理后，即可达到园林用水的要求。由于城市污水资源化回用具有水量稳定、输水距离短、制水成本低等特点，所以用其代替居民用水进行城市园林绿化，是节约和保护城市水资源极其重要途径，是解决城市缺水问题的战略选择，是推进城市化建设的客观需要，是实现水资源合理配置、科学保护、循环利用的重要手段，对建设资源节约型、环境友好型社会意义重大，对我国经济又好又快发展也意义重大。

二要积极利用雨水。雨水资源化是城市利用非常规水资源的又一重要途径。城市雨水的收集利用，不仅有助于缓减水资源危机，还具有控制雨水径流污染、改善城市生态环境等意义。干旱、半干旱地区可利用建筑、道路、人工湖泊等收集雨水，用于绿地灌溉、景观用水等。北方地区降水年内分布不均，通常降水多主要集中在6～9月，期间会有大量的降雨径流流失，若能加以拦蓄，会有很大的利用潜力。在现行的城市园林绿林中，绿地标高大多高于路面，雨水会从绿地流向硬地，同时雨水冲刷带来的泥沙会污染硬地，还可能堵塞下水道。所以，在城市园林设计时，要注重体现节水理念，设计下凹式、集雨型园林绿地。绿地高度要低于路面相应高度，便于有效收集降雨，减少地面径流；人行路面等可采用多种多样的透水、透空砖，便于雨水下渗，减少蒸发，有利于雨水补充地下水。有条件的地方，还可以修建一定规模的地下蓄水池、水库等贮存汛期雨水，加大回收利用力度。

3.1.2 合理利用节水灌溉技术，有效减少水资源消耗

浇灌是最传统灌溉方式，也是最常用的灌溉方式，多以人工水管式和水车式浇灌为主，这种方式会造成20%～30%的水分流失，是最浪费水资源的灌溉方式。为了降低园林用水，必须大力推广喷灌、滴灌、地下滴灌等智能化节水灌溉方式。

喷灌是利用专门的设备将受压水喷到空中，散成水滴降落到地面上，给植物提供水分，具有喷灌喷洒均匀，可实现自动化，喷量容易控制等特点，同时也不易产生地表径流和深层渗漏。用喷灌比地面浇灌可省水30%～50%，而且还具有节省劳力、提高工效的优势，特别适合密植、低矮植物（如草坪、灌木、花卉）的灌溉。

滴灌是通过安装在毛管上的滴头、孔口或滴灌带等灌水器使水流成滴状进入土壤。除具有喷灌的主要优点外，比喷灌节水40%左右、节能50%～70%，但因管道系统分布范围大而增加投资成本和运行管理工作量。滴灌主要应用在花卉、灌木及行道树的灌溉上，而在草坪及其他密植植物上应用较少。

地下滴灌是微灌技术的典型应用形式，是在滴灌技术日益完善的基础上发展而成的一种新型高效节水灌溉技术，它是通过地埋毛管上的灌水器把水或水肥的混合液缓慢流出渗入到作物根区土壤中，再借助毛细管作用或重力作用将水分扩散到根系层供作物吸收利用的一种先进灌水方法。由于该灌溉方式直接供水于植物根部，所以有利于保持作物根层疏松通透，水分蒸发损失小，实现节水增产。管网及灌水器埋于地下，不易破坏，不易老化，不影响地面景观，还有助于抑制杂草的生长。同时，自动化程度高，可大大节省人力和水资源。由于该技术具有显著的节水、节能以及改善土壤环境等优点，所以它是目前最新、最复杂、效率最高的灌溉方法，在园林绿地应用中极具发展潜力。

灌溉方式的选择是决定干旱、半干旱地区城市园林绿化能否节水的

一个重要因素。要降低园林事业对城市水资源的消耗，就必须大力推广先进的节水型灌溉方式。先进的灌溉技术不但可以节省大量的水资源，而且能够为植物生长创造更加适宜的环境。各地在实际灌溉工作中，要根据不同植物群落的需水特性，合理选用先进节水灌溉方式和技术，逐步淘汰落后的灌溉方式，以达到节水节能目的，最大限度地提高园林绿地灌水利用率和灌水效果，使城市绿化走上持续健康的发展道路。内蒙古包头市位于中国西北，年均降雨量仅为300mm，而年均蒸发量高达2300mm。在这种条件下，城市园林部门通过大量栽植耐旱植物，采用喷灌、滴灌等灌溉技术，实现了城市绿化覆盖率逐年上升，在2002年就达到31%，被联合国人居署授予“2002年联合国人居奖”，并于2000年和2002年两度获得“迪拜国际改善居住环境最佳范例奖”。

3.2 适时整地、有效栽植，切实提高园林植物成活率

实施城市园林绿化，必须把园林植物成活率放在第一位。只有准确把握植物生长条件、适宜环境，做到有效整改土地、合理选择苗木、适时栽植，才能确保园林植物的健康生长并提高成活率。

3.2.1 科学规划、有效整地，着力改善植物生长环境

绿化造林前进行整地是改善林木生长环境的重要措施，也是熟化土壤、增加土壤含水量，消除杂草、有效减少病虫害发生的重要途径。我们要对园区内土地进行合理的规划分配，对园林内地形地貌进行认真分析，土地进行取样化验，做到准确掌握，以求按照土地所适合的作物进行合理的选择。各级园林部门要提高改造土地的重视程度，因为整地工作完成的质量，直接决定了园林植物栽植的质量。干旱、半干旱地区特别要抓住降水季节这一整地的最佳时机，着力做好整地工作，为园林植物栽植打下坚实的基础。

3.2.2 科学分析、适时栽种，确保苗木栽植成活率

干旱地区造林应突出把握深植、扎实、浇水等环节。栽植深度应根据当地条件、土壤墒情和苗木情况来确定。栽植时应按填表土，添心土，保证根、土密接的顺序来进行，栽植后要及时把水浇到、浇透。要切实做好苗木保护、养护等工作，保证苗木成活率。

一要做好苗木的保护工作。在起苗的过程中，应保证苗木根系完整未被伤害，水分充足。对根须过长或受过病虫害的根须要及时清理，发育不正常的侧根或损伤的根要进行及时的修剪，保留根系土壤。在运输过程中，应采取必要的防护措施，苗木应就近调运，随起随运，尽量缩短运输时间，杜绝长途外调苗木。另外，可根据树种和土壤墒情，采取覆膜等保墒措施，定期对苗木进行剪枝、剪叶、截干、摘心、修根、苗根浸水、浸生根粉、蘸泥浆等抗旱处理，同时，视情况选用促根剂、保水剂等新技术处理苗木。

二要做好苗木的栽植工作。依据干旱地区特有的气候特点，在苗木栽植时期如遇天气干旱则应适时选择延期栽植，要严格遵循栽植季节有利于苗木恢复生长的原则，确保苗木成活率。如在春季完成栽种，要根据树种的物候期和土壤的解冻情况适时安排；如在秋季完成造林，应选择在秋末，树液流动减缓或停止后进行；而容器苗和带土坨苗可不受季节的限制适时造林。

三要做好苗木栽后养护工作。养护工作是根据不同绿化植物的生长需要和某些特定要求，及时对植物采取如施肥、灌水、除草、修剪、防病虫害等技术措施，以确保植物能够正常生长。“三分种植、七分养护”，足以说明养护工作的重要性。所以，在苗木栽植后要实行专人负责制，保证培土、浇水、扶正、除草等善后工作能够及时完成，还要定期进行修枝、截干、抹芽等工作。特别是松土、除草、扩穴等工作在夏季一般为一月一次，确保苗木根系不受伤害，能够健康生长。

3.3 优化配置、合理选择，切实提高园林生态效益

园林植物选用包括乔木、灌木和草本，就需水量而言，乔木和灌木需水量远低于草坪，而生态效益却比草坪高许多。干旱区每平方米草坪需水量相当于2～3棵树木的需水量。同时草坪的投入是种植相同面积乔、灌木的20倍，维护管理费用是树木的5～10倍。一棵高大的阔叶树吸收二氧化碳的能力相当于$80m^2$的草坪，释放氧气的能力相当于$100m^2$的草坪，吸尘能力相当于90～$120m^2$的草坪，同时还具有吸收二氧化硫、降风速、防噪声、遮阴等功能，而草坪均没有。因此利用树木、地被植物进行绿化，不仅考虑绿地的生态效益，更要突出节水特性。在园林植物配置时，要保持植物配置的多样性，以乔、灌为主体，以复层植物群落结构为主导，提倡乔、灌、草相结合的复层结构，最大限度地增加绿量和绿视率，既要满足景观的需要，更要注重生态作用的发挥。

3.3.1 选择耐旱品种

根据北方地区不同的生态、地理、经济条件，不同的园林环境条件和设计要求，选择根系发达、蒸发量比较小，耐寒、耐旱、耐瘠薄、耐污染、抗病虫害、绿色景观好的优良园林树种。针对北方干旱、半干旱地区气候干燥，可以选择马尼拉草、丹麦草等节水型草坪，地被菊、马莲等节水型地被植物，雪松、黑松、龙柏、冷杉等针叶型乔木和秋木、法桐、银杏等节水型阔叶乔木。各地要立足自己实际进行选择，以哈尔滨为例，乔木可选用油松、华北落叶松、白杆、青杆、圆柏、沈阳桧、砂地柏、侧柏、银白杨、垂柳、垂榆等，灌木可选用北京山梅花、黄刺玫、黄蔷薇、刺槐、沙枣、沙棘、雪柳、四季丁香等。

3.3.2 多用乡土树种

乡土树种是指在本地区土生土长的树种，它们最适应本地区的生态环境，也最容易和本地区的其他生物构成一个和谐完美的生态系统。乡土树种的合理使用一是有利于建设城市生态园林。任何外来物种都会打破原有的生态平衡，有时在重建平衡的过程中还会对原有的一些物种产生威胁。二是有利于构成本地区特有的园林景观。在城市园林绿化中，多用乡土植物就会形成本地区特有的植物群落，形成有明显乡土文化特色的园林景观，可避免千篇一律的城市园林景观模式，如随处可见的高成本进口草坪。三是有利于省时省力省钱。乡土植物产于当地，苗木来源充分，可很容易得到所需的苗木规格，由于运输距离短，所以可节省运输时间和运输费用。四是有利于提高成活率。树种移栽前后的生长环境基本没有变化，对土壤、光照、温度、湿度等条件非常适应，管理养护要求也不高，在栽植管理的过程中不需要保温防冻、土肥配制等特殊的照顾，并且移植前后时间短，能够整体提高园林苗木的成活率。五是不会因突发性的自然灾害造成毁灭性损失。所以，各地在城市绿化中，要将乡土树种确定为骨干树种，如毛白杨、柳树、国槐、椿树、丁香、榆树等在北方的城市绿化中应占有较大比例。

3.3.3 注重特色树种

根据地方风格、城市文化，选择地方特色树种。各地的气候、风俗习惯、历史沿革不同，在城市园林绿化中选用的树种也要有所差异，要尽可能体现出地方特色。若穿行于椰林夹道的城市街道，就会体验到南方沿海城市的风韵；而徜徉在白桦掩映的林荫道上，便会感受到北方城市的风格。所以，北方城市园林绿化树种应以落叶树为主，形成典型的北方城市园林特色。鉴于北方冬季较长，常绿树种植偏少，冬季景观单调等突出问题，应适当增加常绿树种的比例。以长春为例，常绿乔木可选油松、丹东桧、西安桧、云杉、青扦、白扦、侧柏、落叶松、圆柏等；常绿灌木可选黄杨、小蜡、小叶女贞、沙地柏、铺地柏等。

3.3.4 合理选择速生、慢生树种

速生树种早期绿化效果好，容易成荫，但寿命较短，往往在20年至30年后衰老；慢生树种则早期生长慢，城市绿化效果较慢。北方地区，由于冬季漫长，植物生长期短，选择速生树种可在短期内形成绿化效果。尤其是在道路绿化中，应选择速生、耐修剪、易移植的树种。速生树种有易老早衰的问题，可通过树冠更新复壮和实生苗育种的办法加以解决。选择的目的，就是不断把具有优良性状的树种选出来，淘汰那些生长不良、抗性较差、绿化美化效果不良的树种。与速生树种搭配，适量种植一些慢生树种，例如松柏类、银杏等，以获得变化与稳定相结合的景观，使用比例要注意速生多、慢生少。

3.3.5 配置功能树种

要切实根据不同的绿地类型，尽可能配置相应树种，充分发挥树木遮阴、观花、杀菌等功效，最大限度地实现生态效益。

（1）行道树。一般选用生长较快、树形较好、遮阴面大、深根、萌芽力强的树种。常绿和落叶应根据不同道路性质进行选择，如外环等较开阔道路，离居民楼稍远处均可选择常绿树种；繁华的商业街以及小街道可选择落叶树种。

（2）风景区、公园绿地。要求以植物造景为主，乔木、灌木、藤本植物、地被植物、草花多层次结合，树种应丰富多样，特别要配置四季花木和彩叶树种，以季相变化来增强景观效果。阔叶与针叶、乔木与灌木、常绿与落叶比例要恰当。以乌鲁木齐为例，阔叶与针叶比为7:3、乔木与灌木为7:3、常绿与落叶为6:4较为合理。各公园由于特色不同选用的树种亦可有所侧重，如樱花、梅花、桃花等专类园，并应增加同

一树种的各种品种，使花型、花色多，花期早晚不一，延长观赏期。

（3）街头绿地。根据面积大小，面积大的以乔木、灌木为主，结合球类地被植物、草花等；面积小的则应以灌木、球类为主，结合地被植物、草花等，以达到隔音、防尘、美化和休闲的目的。

（4）广场绿地。以草坪为主，乔灌球类、造型树种、地被植物、草花相结合。在边缘、角隅可配置小片林木。

（5）工矿、企事业单位绿地。根据工矿、企事业的不同性质选择合适的树种，一般应选择抗污性强、管理粗放、存活率高的树种，同时也要根据特殊需求选择不同树种。如为了防火，可选择珊瑚树、银杏、厚皮香等。对二氧化硫抗性强的有广玉兰、龙柏、金桂、枸骨等，易受害的有樱花、桧柏、海棠等；对氯气抗性强的有夹竹桃、海桐、女贞、珊瑚树等，易受害的有侧柏、桧柏、腊梅等；对硫化氢抗性强的有龙柏、珊瑚树、茶花、女贞等，易受害的有蔷薇、紫薇等。

（6）防护林带。应以能抗风、防尘、抗污的常绿乔木为主，辅以落叶乔木和灌木。可选用女贞、冬青、马尾松、黑松、赤松、银杏、棕榈等。

（7）居住区绿地。应考虑居民的生活环境，以采光和不遮住冬季的阳光为前提，除了较大面积的绿地、小游园，适当种些乔木外，楼前后的绿化带应以矮灌木、球类和地被植物为主，切忌在楼东、南面种植高大常绿乔木。

（8）墙面绿化。可选用藤本、攀缘植物，特别是爬山虎，效果较好。亦可采用爬山虎和常青藤混种，使冬季仍有绿色。

3.4 采用抗旱保水技术，切实增加节水手段

在苗木栽植过程中若能施用保水抗旱等科技节水技术，就能在保障苗木成活的基础上降低用水量。抗旱保水技术主要是使用抗旱剂、保水

剂。保水剂是近20多年来国际上发展起来的全新的抗旱节水产品。保水剂具有“保水、节水、集水”三大功能，不溶于水，可以有效防止水分下渗、蒸发，减少耗水量和灌溉次数，提高水分利用率。保水剂是由同分子构成的强吸水树脂，能在短时间内吸收其自身重量几百倍至上千倍的水分，将其储存起来，然后随着周围环境的干燥而缓慢释放，满足植物生长过程中所需水分，就如同给植物根部修了一个小水库。此外，给绿地表土覆盖草渣、落叶、碎树枝等有机质，能够减少蒸发，达到保水目的。唐山市大城山公园，地貌以坡地、谷地为主，部分地带岩石裸露，土层较薄，蓄水能力较差。在2001年的山体绿化栽植较大树木时，使用了保水剂，结果和历年相比，除天气因素外，浇水次数明显减少，而树木成活率却高达99%，创历年之最。因此，将保水剂等科技节水产品用于大树移植、新建绿地等对水分需求较高的绿化环节中，不仅可减少用水量，而且还可以提高植物存活率。

3.5 建立专业养护管理队伍，切实提升养护管理水平

目前，我国北方一些地区园林绿化的管理养护工作，多是聘用临时工作人员承担，他们缺乏专业知识、专业技能，造成用水管理不到位，达不到节水、养护的目的，这也是园林绿化用水浪费的重要原因之一。实际上，园林绿化管理工作面广量大、专业性强，对管护队伍素质要求很高。各地必须打造一支养护业务精通、经验丰富、素质高、技术好的园林绿化专业养护队伍。这是生态建设和城市发展的需要，也是高标准做好绿化美化工作的需要。同时，加强养护队伍的职业道德建设，教育他们充分发扬勇挑重担、甘于奉献的精神，以高度的使命感和责任感，切实担负起管护重任，为优化城市人居环境，提高园林植物成活率，奠定坚实的基础。

3.6 加大教育培训力度，切实提高节水意识

当前，绝大多数从事园林绿化的工作人员，尚未意识到节水的重要性，缺乏节水意识，在城市园林养护管理过程中，自然不会采取有效的节水措施。因此，当务之急是加大对从事园林绿化工作人员的培训力度，提升广大从业人员的园林绿化管理养护水平、节水意识和相关技能。同时，要在全社会营造全民爱绿、植绿、护绿的社会风尚，要充分利用广播、电视、报纸、杂志、微博、微信等媒体，大力倡导“右玉精神”，开展园林绿化知识讲座，宣传和表扬园林绿化的先进个人和事迹，让园林绿化意识、节水意识深入人心，积极创造人人都能参与绿化建设的平台。

4 结语

干旱、半干旱地区的城市园林绿化具有十分深远的意义，不仅能够改善居民的生活环境，同时也对整个地区的生态环境具有极为重要的意义。如何有效地利用城市水资源，积极建设节水型园林城市，实现园林的景观效益和生态效益双赢，实现城市园林绿化的可持续发展，仍需广大园林工作者提高认识，端正态度，为我国干旱、半干旱地区的园林植物栽植技术的提高提供意见和建议；仍需广大干部群众紧紧依靠科技进步，积极开展节水方面的技术研究，不断突破园林水资源利用极限，并不断将已取得的成果广泛应用于园林绿化管理中去，着力构建舒适、环保、节水、节能、可持续的生态园区，构建环境优美、特色鲜明的绿色家园，从而为建设美丽中国做出新的更大的贡献。

参考文献

[1] 陈丹等.城市园林绿化存在的问题及发展对策[J].河北农业科学，2009，13(5).

[2] 夏立言等.浅析我国城市园林的现状及未来发展[J].民营科技，2009，(5).

[3] 孙薇.东北中、北部城市园林绿化树种的选择[J].防护林科技，2010，(6).

[4] 李琳.节约型城市园林绿化之我见[J].探索，理念，2009，(5).

破解西北干旱地区城市园林建设中水资源困局的思考

摘　要：城市园林建设日渐成为当前城市建设的一个重点，而西北干旱地区受水资源短缺、土壤贫瘠、冬季严寒、风大沙多等因素影响，城市园林绿化建设面临着更加艰难的境地，而水资源缺乏显然又是众多制约因素中的首要问题。在分析西北干旱区水资源现状和特点的基础上，查阅了大量解决水问题、水危机的成功经验和有效做法的相关资料，提出了西北干旱地区城市园林规划、建设、管理等方面的思路。

关键词：风景园林；城市建设；西北干旱地区

全世界干旱、半干旱地区面积约占地球陆地面积的30%，而我国干旱、半干旱面积约占国土面积的50%，主要集中在西北地区。近年来，城市园林景观建设日渐成为提升城市品质、增加城市舒适度的重要举措。而西北干旱、半干旱地区气候条件恶劣，土壤沙化贫瘠、生态环境脆弱，给城市园林绿化和生态建设带来许多难以克服的现实问题。本文将通过对西北干旱地区水资源状况的分析，选配乡土树种，优化植物配置，大力推广节水型灌溉方式，充分利用非常规水资源等措施来实现干旱地区城市园林绿化生态化的持续发展。希望能对相关城市的园林绿化建设有所借鉴。

1 西北干旱地区水资源现状分析

我国西北地区指大兴安岭以西，包括新疆、内蒙古、宁夏、甘肃、青海大部分，以400mm年降水等值线与东部半湿润地区分开。水资源只占全国的10%，是世界人均用水量的1/20。西北地区干旱少雨，多年平均降雨量在235mm左右，而年蒸发量却高达1000～3000mm，年蒸发量是降水量的4～20倍，水资源严重缺乏。据统计，20世纪90年代初以来，西部地区农田每年受旱面积860万hm^2，占耕地总面积的1/3，比80年代增加1/3，呈加剧趋势。主要面临如下问题：

（1）降水稀少，水资源量严重不足。西北干旱地区多年平均降水量分布趋势总体由山区向平原变小。山地区一般为200～700mm，盆地和走廊一般为40～200mm，塔里木盆地仅有25～70mm，北部高原地区100～200mm。部分水资源盐碱度高，难以利用。

（2）地表水资源分布不均。冰川和积雪是西北干旱地区水资源赋存和形成的一种主要形式。降水量在季节分配的区域性变化较大，降水多集中于夏、秋季节。

（3）水资源严重浪费。西北大部分流域沿袭历史上多口引水的灌溉方式，污水的集中处理率和再生水利用率较低等都造成了水资源的浪费。

（4）水环境恶化。灌区回归水和城市工业废水的排放，导致地表水、地下水污染严重。

2　西北干旱地区城市园林绿化建设中存在的问题

近年来，西北干旱地区在掀起了生态绿化建设热潮的同时也出现了绿地系统规划不合理，植物配置不能因地制宜，灌溉技术粗放，水资源浪费严重等一些不容忽视的问题，主要体现在以下几个方面。

（1）对整体生态系统缺乏深入研究，绿地系统规划不尽合理。受片面追求速度与景观视觉效果等因素影响，照搬照抄其他地区和城市做法，造成规划系统的不完整性和生态物种配置的不合理性，物质资源和资金成本被极大浪费。

（2）水资源浪费问题突出。许多地区灌溉以直接浇溉为主，不仅会造成严重的水分流失，还经常会出现跑水现象。并且灌溉用水基本都是自来水，也没有利用中水、雨水等非常规水资源，加大了绿化用水与居民用水矛盾。

（3）城市园林用水体系不完善，水资源利用率低。大多城市园林绿地中都设计了一定面积的水景，一般都靠城市自来水系统维持，利用后大多直接排于下水道，没有用于绿地灌溉或补充到城市水系中。而且为了保持景观又不得不经常换水，进一步增加用水量和维护费用。

（4）园林植物配置不合理，增加园林绿化用水量。随着“草坪热”的持续升温，以及“大树进城”“名贵树种进城”等错误做法的盛行，城市绿地中草坪的比例在逐年上升，而乔木、灌木及本地乡土树种的比例逐年下降，一些地区城市园林设计中过分追求观赏性、异地情趣，忽视了植物的生长条件，不但增加绿化用水量和养护管理的费用，而且成活率低下，大大影响了园林绿化景观效果。

（5）城市园林绿化的技术力量普遍薄弱。由于西北地区经济发展相对滞后，工作环境恶劣、工资待遇不高等，致使西北地区园林绿化人才短缺，在园林绿化和管护方面的研究严重滞后。

（6）城市园林建设投入不足，养护管理不到位。目前，我国西北部政府的财政投入主要用于抗旱保收，保证城乡居民正常生产生活需要方面，对城市园林绿化特别是园林绿化的后期养护管理方面重视不够、投入不足。

3　破解干旱、半干旱地区城市园林绿化问题的对策

面对我国西北干旱、半干旱地区夏秋两季炎热少雨、冬春两季寒冷多风、土壤沙化贫瘠的地域特点，在城市园林绿化过程中，要对地区生态系统进行深入研究，对绿地景观系统进行统筹规划，积极研究探索节水型、集约化生态建设和园林绿化的路子。

3.1 加大地区生态系统的研究，合理进行绿地系统规划

西北地区纷繁复杂的城市地域特征使得寻找一种具有普遍指导意义的生态和绿地系统建设模式是极其困难的。因此，做好城市园林绿化建设必须要因地制宜、整体思维，科学系统地对本地区生态系统进行研究。

（1）做好城市生态系统研究。城市生态建设是一个系统工程，它与农田生态系统、森林生态系统、草原生态系统、湖泊生态系统等紧密相连。各个城市的地域特征千差万别，必须有针对性地对城市土地、淡水资源、生物圈、植被物种、气候条件等进行深入研究，保证城市园林景观规划、设计和建设的科学性、可操作性和可持续性，构建人与自然系统整体协调、和谐的城市生态系统。

（2）做好城市绿地系统规划。一方面要满足市民休憩娱乐的需求。

根据城市整体功能布局，在居民最便利、最需要的地方合理规划城市绿地，为市民创造一个良好的人居环境。另一方面要满足城市总体规划需要，充分考虑城市生态要求和功能需要，合理布局公园绿地、生产绿地和防护绿地。再者要充分考虑城市的资源承载能力，特别是水资源的承载能力，要根据城市的水资源状况，在总量上合理控制，在类型上合理配置。

3.2 做好水资源的高效利用

一方面在开源上下功夫，可采取污水收集和可再生利用、雨水回收利用等措施。另一方面在节流上下功夫，采取先进节水灌溉措施，尽可能减少水资源消耗。

（1）要加大污水的收集和再生利用。污水的收集和再生利用是提高水资源利用率、实现水可持续利用的重要途径。利用污水的回收和可再生利用对城市园林进行灌溉，在一些发达国家已有几十年的使用历史，例如以色列的城市园林绿化80%以上的用水是对污水资源化处理后结合现代灌溉技术进行的。我国大部分城市污水量大且相对集中，水量、水质均比较稳定，可以通过简单的一级或二级处理后，即可达到园林用水的要求。由于城市污水资源具有水量稳定、输水距离短、制水成本低等特点，所以用其代替居民用水进行城市园林绿化，是节约和保护城市水资源极其重要途径。目前，我国也做了一些尝试，比如内蒙古二连浩特市年均降水量仅130mm左右，周边地下无水源，居民用水是通过70km管道输送过来的，属严重缺水城市。该市为实现城市绿化，把城市污水作为其绿化用水的重要保障，投资近1.5亿元完成污水处理厂、再生水处理工程，处理后的污水全部用于城市绿化用水，利用率达80%以上。

（2）做好雨水的收集利用。干旱、半干旱地区可利用建筑、道路、人工湖泊等收集雨水，用于绿地灌溉、景观用水等。西北地区降水年内分布不均，通常降水多集中在6～9月，若能加以拦蓄，会有很大的利用潜力。在现行的城市园林绿化中，绿地大多高于路面，雨水会从绿地流向硬地，同时雨水冲刷带来的泥沙会污染硬地，还可能堵塞下水道。所以在城市园林设计时，要注重体现节水理念，设计下凹式、集雨型园林绿地。人行路面等可采用透水、透空砖，便于雨水下渗。还可以修建一定规模的地下蓄水池、水库等贮存汛期雨水，加大回收利用力度。

（3）合理利用节水灌溉技术，有效减少水资源消耗。当前以浇灌为主的灌溉方式会造成20%～30%的水分流失。为了降低园林用水量，建议大力推广喷灌、滴灌、地下滴灌等节水灌溉方式。喷灌具有喷洒均匀，可实现自动化，喷量容易控制等特点，同时也不易产生地表径流和深层渗漏。用喷灌比地面浇灌可省水30%～50%，而且还具有节省劳力、提高工效的优势，特别适合密植、低矮植物的灌溉。通常用滴灌技术滴水量最好为每次6m^3/亩，3次为一个漫灌周期，大概可以节约水资源50～60m^3/亩。同时，合理地通过中耕浅灌来种植农作物，每次灌溉保持水量适度，使墒顶的土质始终保持疏松，减缓水分蒸发，在一定程度上能降低灌溉次数，这样能节约大概25%的水资源。除具有喷灌的主要优点外，滴灌比喷灌节水40%左右、节能50%～70%，但因管道系统分布范围大而增加投资成本和运行管理工作量。滴灌主要应用在花卉、灌木及行道树的灌溉上。地下滴灌是微灌技术的典型应用形式，该灌溉方式直接供水于植物根部，有利于保持作物根层疏松通透，水分蒸发损失小，实现节水增产。该技术是目前最新、最复杂、效率最高的灌溉方法，在园林绿地应用中极具发展潜力。内蒙古包头市年均降雨量仅为300mm，而年均蒸发量高达2300mm。城市园林部门通过大量栽植耐旱植物，采用喷灌、滴灌等灌溉技术，实现了城市绿化覆盖率逐年上升，在2002年就达到31%。

3.3 注重选择抗旱植物和乡土物种，切实提高园林生态效益

在园林植物配置时，要保持植物配置的多样性，以乔、灌为主体，以复层植物群落结构为主导，提倡乔、灌、草相结合的复层结构，最大限度地增加绿量和绿视率。同时，要综合考虑抗旱耐寒和乡土苗木的选用，既要满足景观的需要，更要注重生态作用的发挥。

（1）选择抗旱品种。根据北方地区不同的生态、地理、经济条件、园林环境条件和设计要求，选择根系发达、蒸发量比较小，耐寒、抗旱、耐瘠薄、耐污染、抗病虫害、绿色景观好的优良园林树种。针对西北干旱、半干旱地区气候干燥，可以选择马尼拉草、丹麦草等节水型草坪，地被菊、马莲等节水型地被植物，雪松、黑松、龙柏、冷杉等针叶型乔木和秋木、法桐、银杏等节水型阔叶乔木。

（2）多用乡土树种。乡土树种是指在本地区土生土长的树种，它们最适应本地区的生态环境，也最容易和本地区的其他生物构成一个和谐完美的生态系统。任何外来物种都会打破原有的生态平衡，有时在重建平衡的过程中还会对原有的一些物种产生威胁。

（3）注重特色树种。根据地方风格、城市文化，选择地方特色树种。鉴于北方冬季较长，常绿树种植偏少，冬季景观单调等现状，可适当增加常绿树种的比例。

（4）合理选择速生、慢生树种。速生树种早期绿化效果好，容易成荫，但寿命较短，往往在20～30年后衰老；慢生树种则早期生长慢，城市绿化效果较慢。北方地区可选择速生树种可在短期内形成绿化效果。在道路绿化中可选择速生、耐修剪、易移植的树种。速生树种有易老早衰的问题，可通过树冠更新复壮和实生苗育种的办法加以解决。与速生树种搭配，适量种植一些慢生树种，例如松柏类、银杏等。

3.4 加大抗旱物种的培育和技术研究，通过技术手段提高抗旱能力

近年来，国内外在抗旱物种培育和抗旱技术研究都有了迅猛发展，美国、日本、以色列等国有很多好的研究成果。目前，较为成熟的主要有基因技术、化学技术和综合施肥技术等。

（1）利用基因技术培育抗旱植物。主要通过从干旱草原、荒漠通过引种、驯化野生乡土植物，选育用于生态环境建设的具有节水抗旱、耐寒、耐盐碱、耐贫瘠等抗逆性特征的多年生植物。近年来，内蒙古蒙草抗旱股份有限公司成功引种、栽培当地野生草种100余种，推广利用冰草、景天等近50种抗旱植物，用水量仅为进口草的10%。

（2）通过化学方法促进农作物抗旱能力的提高。在苗木栽植过程中若能施用保水抗旱等科技节水技术，就能在保障苗木成活的基础上降低用水量。抗旱保水技术主要是使用抗旱剂、保水剂。使用化学制剂有利于降低作物蒸腾作用的出现速度，并减缓土壤内部水分蒸发，有利于农作物发达根系的培育，并最终实现作物抗旱性的有效提高。此外，在种植前，能通过循环干湿的方式来处理种子，让种子重复浸湿和风干，通过这样不断反复的过程，种子可以重复接受干旱练习，进而提高抗旱性。

（3）适当施用化肥提高作物抗旱性。通常干旱地区的植物，根系相对比较发达。在对其施肥时要重视施肥深度，在深度大概为20cm的土层中施肥是最合适的。要是在土层较浅的地方施肥，其根系不易于吸收充分的肥分，这样会造成严重的浪费。

3.5 建立专业养护管理队伍，培养公众节水意识和共建绿化风尚

建立一支高素质园林养护队伍是抓好一个地区园林绿化必不可少的条件，也是当前面临的比较突出的难点问题。

（1）加大专业队伍培养。目前，我国西北一些地区，由于受当地经济发展条件、人员编制等多种因素制约，园林绿化队伍参差不齐，普遍缺乏专业的园林养护队伍。实际上，园林绿化管理工作面广量大、专业性强，对管护队伍素质要求很高。各地必须打造一支养护业务精通、经验丰富、素质高、技术好的园林绿化专业养护队伍，特别是重视乡土科技人才的培养，他们最熟悉当地气候、土壤、物种等情况，能够发挥外地专家所不具备的特殊作用。

（2）加大节水教育宣传。一些从事园林绿化的工作人员，尚未意识到节水的重要性，在城市园林养护管理过程中，自然不会采取有效的节水措施。因此要加大对从事园林绿化工作人员的培训力度，提升广大从业人员的园林绿化管理养护水平、节水意识和相关技能。同时，在全社会形成全民爱绿、植绿、护绿的社会风尚，通过宣传让园林绿化意识深入人心，积极创造人人都能参与绿化建设的平台。在“世界水日”和“中国水周”等宣传日开展大规模的节水型社会建设宣传教育活动，树立人人节水、自觉节水的良好社会风尚。

4 结语

西北干旱、半干旱地区的园林绿化是实现“绿色中国梦”的重要组成部分。做好这项工作，一方面可以为当地居民创造舒适、宜居的生活

环境，另一方面也对整个地区的生态环境改善具有极为重要的意义。充分利用有限的水资源，通过技术改进挖掘潜力，推动西部节水型园林城市建设，实现园林景观效益和生态效益双赢，是摆在我们面前的一项重要工作。广大工作者要积极开展节水方面的技术研究，不断突破园林水资源利用极限，并不断将已取得的成果应用于园林绿化管理中去，着力构建舒适、环保、节水、节能、可持续的生态园区，构建环境优美、特色鲜明的绿色家园，为建设美丽中国作出新的更大的贡献。

参考文献

[1] 林奇胜，刘红萍，张安录.论我国西北干旱地区水资源持续利用[J].地理与地理信息科学，2003，(3)：27-31.

[2] 夏立言，赵勤燕.浅析我国城市园林的现状及未来发展[J].民营科技，2009，(8)：65-66.

[3] 李琳.节约型城市园林绿化之我见[J].探索· 理念，2009，(8)：68-68.

[4] 陈丹，张延涛.城市园林绿化存在的问题及发展对策[J].河北农业科学，2009，13(5)：79-80.

[5] 孙薇，王秀春.东北中、北部城市园林绿化树种的选择[J].防护林科技，2010，(6)：75-76.

[6] 孙彩霞，沈秀瑛，刘志刚.作物抗旱性生理生化机制的研究现状和进展[J].杂粮作物，2002，22(5)：285-288.

海绵城市国家试点区老旧小区“海绵化改造实践”

——以宁波市姚江花园小区为例

摘　要：海绵城市建设是十八大以来城市建设领域的重要方向和重点举措，同时老旧小区随着城市化进程的加快，配套设施不齐、违章搭建严重、停车位不足等问题日益凸显。宁波海绵城市国家试点区内包含了20多个老旧小区，创新性地提出了“海绵+”的改造理念，以海绵化改造为切入口，以小区综合提升为落脚点，将海绵城市建设和老旧小区更新相结合，在解决了小区内涝问题的同时，同步解决了小区停车难、景观破损等诸多问题。

关键词：老旧小区；海绵城市；综合整治

2016年4月，宁波市成功入选国家第二批海绵城市建设试点城市，并确定了慈城—姚江片区30.95km^{2}范围作为宁波市海绵城市建设试点区。试点区包括慈城新区、前洋立交东北侧地块（电商园区）、姚江新区启动区、姚江新区和谢家地块、慈城古县城、天水家园以北地段、湾头地块。宁波海绵城市建设是通过构建海绵城市低影响开发雨水控制利用系统，“绿—灰”结合、“地上—地下”结合和“蓄—排”结合，综合实现“水生态良好、水环境改善、水资源丰富、水安全保障及水文化鲜明”的多重目标。

1 项目概况

姚江花园位于洪塘中路与江北大道西南角，紧邻宁波海绵城市建设试点区，占地约18hm^2，为2003年建成的安置房小区。区内以6层建筑为主，总建筑面积约30万m^2，2332户，居民7000多人，绿化率较高（图1）。

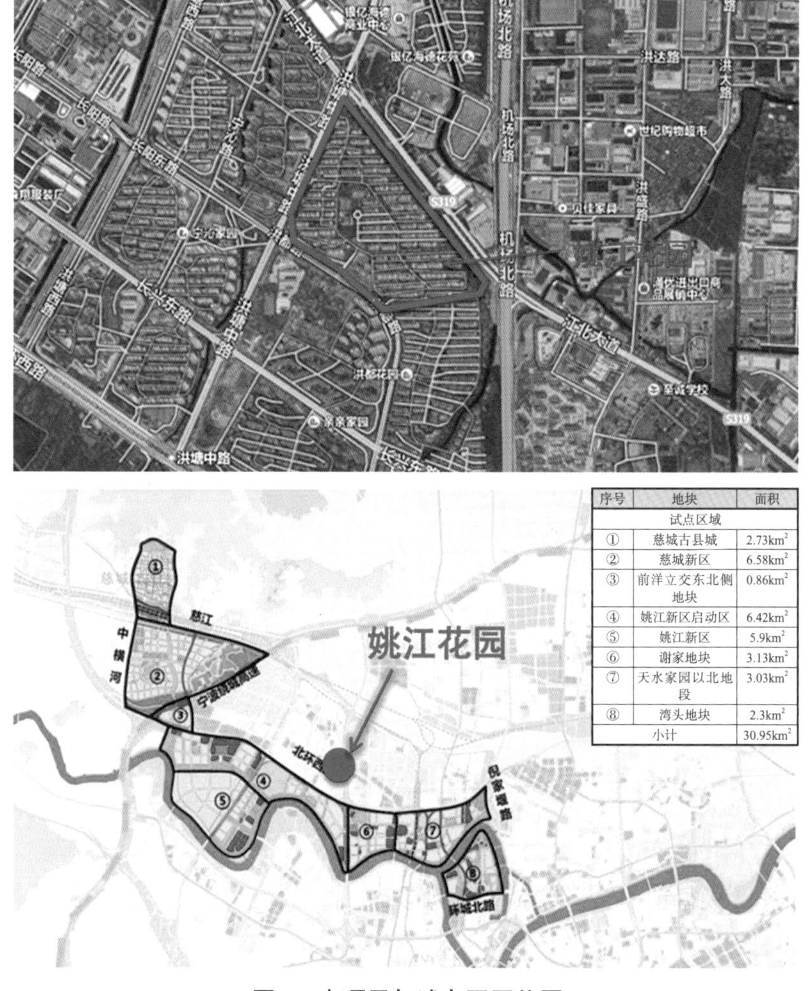

序号	地块	面积
试点区域		
①	慈城古县城	2.73km^2
②	慈城新区	6.58km^2
③	前洋立交东北侧地块	0.86km^2
④	姚江新区启动区	6.42km^2
⑤	姚江新区	5.9km^2
⑥	谢家地块	3.13km^2
⑦	天水家园以北地段	3.03km^2
⑧	湾头地块	2.3km^2
小计		30.95km^2

图1 本项目与试点区区位图

1.1 基底现状

现状屋顶面积44517m^2、硬质地面74707.8m^2、绿化59259.5m^2(已扣除停车位改造占用量)。小区绿化较多，绿化率达33.2%，海绵城市改造条件较好(表1)。

基底现状 **表1**

分区名称	分区面积(m^2)	硬质屋面面积(m^2)	硬质地面面积(m^2)	总绿地面积(m^2)	绿地率(%)	改造前综合径流系数
姚江花园	178484.4	44517	74707.8	59259.5	33.2	0.618

1.2 高程现状

区内地势较为平缓，场地高程2.7～3.1m；内涝风险点位于小区东部道路局部低点处，根据现场调研，大雨时，最深积水约50cm，影响居民出入(图2)。

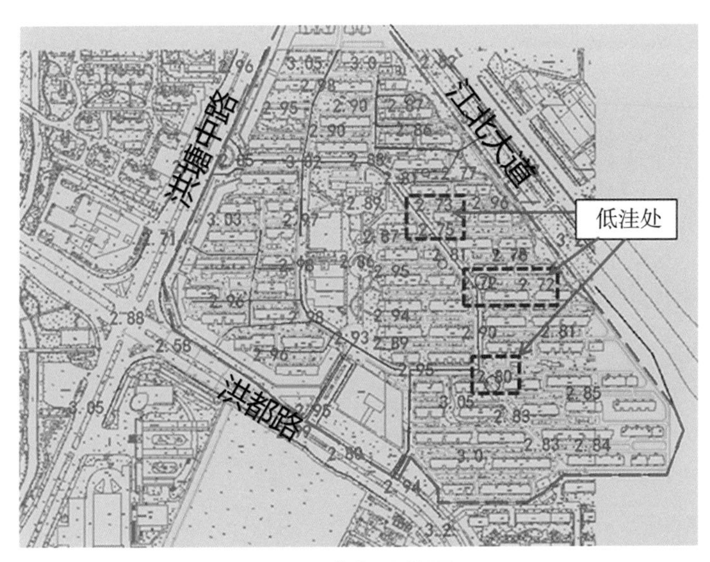

图2　高程现状图

2 问题与需求分析

2.1 停车问题

小区现有车辆约1400辆，但仅配建停车位421个，其中地上251个，地下170个(未交付)。小区车位紧张，机动车占用人行道，行人只能走车行道，有安全隐患；机动车占用绿地，破坏绿地，影响小区环境；机动车停车占用道路，道路不通畅，有一定消防安全隐患；停车位铺装破损，影响机动车停放(图3)。

1.小区车位紧张，机动车占用人行道，行人只能走车行道，有安全隐患。

2.机动车占用绿地，破坏绿地，影响小区环境

3.机动车停车占用道路，道路不通畅，有一定消防安全隐患。

4.停车位铺装破损，影响机动车停放。

图3 现状停车问题

2.2 景观问题

(1)人为毁坏严重，出现植物缺失泥土裸露，有些区域被硬质水泥覆盖；

(2)后期养护不到位，植物退化、枯死严重；

(3)植物配置普通，重要节点植物没有特色(图4)。

图4　现状景观照片

2.3 项目现状排水问题分析

根据姚江花园给水排水施工图，小区为雨污分流，现状共有5处雨水出口，均通过d400-i0.3%管道（满管流量148.29L/s）排向周边道路市政雨水系统。

据小区居委会反映，排向江北大道的雨水出管，由于某些原因，可能已经不通，这也增加了小区低洼处的积水深度和范围。

现状雨落管均直接接入雨水管道系统，小区南北两侧雨水立管存在混接现象。

3　建设目标

姚江花园年径流总量控制率70%左右，面源污染（TSS）削减率60%，同时可有效应对50年一遇暴雨（图5、图6）。

图5　淹水照片

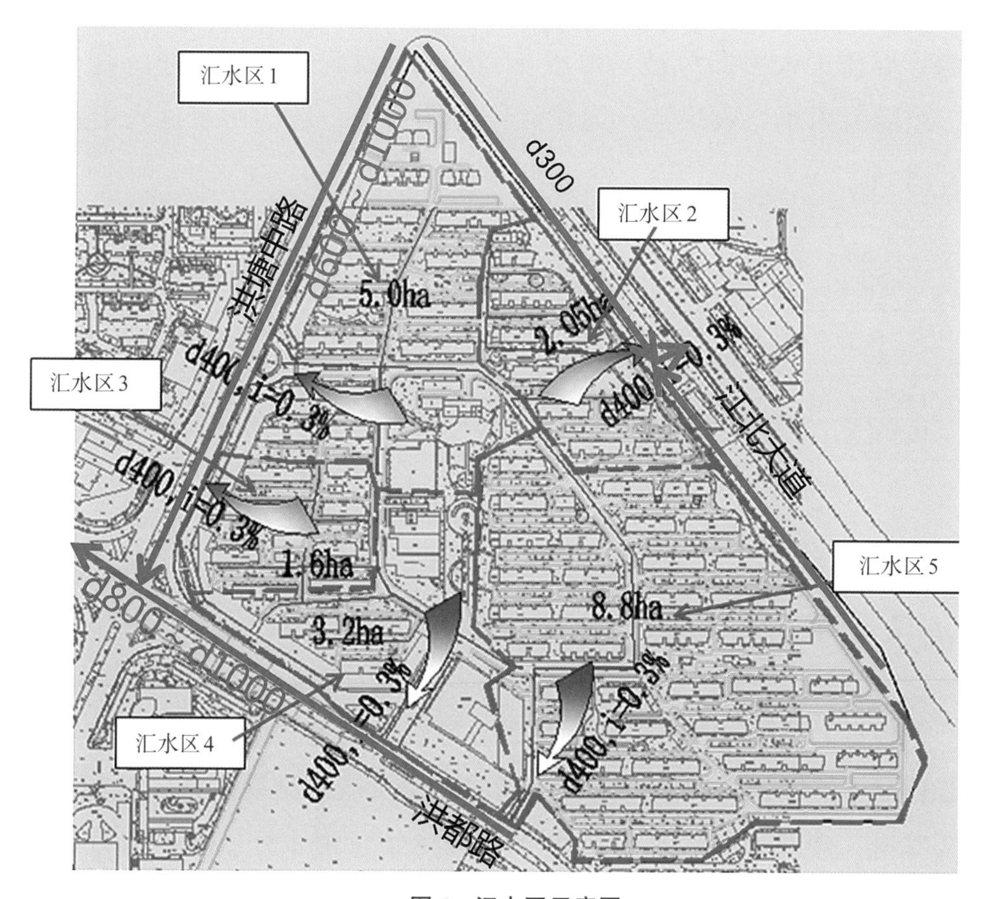

图6　汇水区示意图

将海绵建设工程融入小区停车位改造、内涝防治和景观提升工程。充分利用小区绿化，在部分绿化底部设置砾石渗排系统，并尽量连为一体；绿化表面结合现有雨水立管，局部设置LID源头控制系统，同时做好相应的景观提升改造。

4 海绵工程设计

4.1 总体技术路线

园区屋顶和道路雨水散排，透水铺装出水，经传输草沟、线性排水沟等导流进入下凹绿地、雨水花园等LID设施进行渗、滞、蓄、净后，经溢流雨水口收集进入原设计雨水调蓄池，超标雨水排入市政雨水管网（图7）。

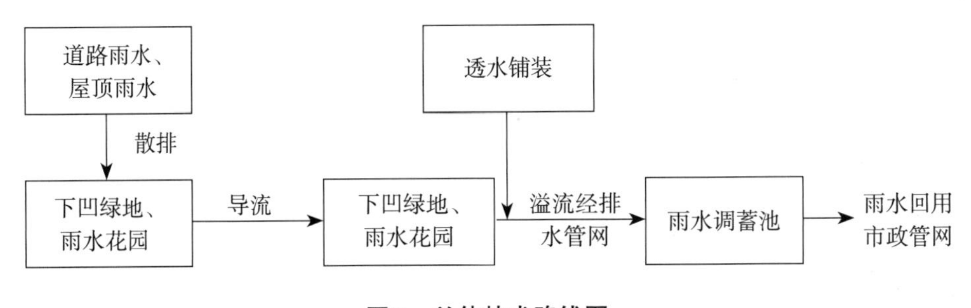

图7 总体技术路线图

4.2 汇水分区划分

为保证LID设施布置的科学性与合理性，使地块内径流雨水均能经过LID设施处理后再排放，结合小区内房屋及道路高程信息，以自然地形为基础，参考地形资料将地块划分为58个子汇水区。各汇水分区屋面及地面雨水通过LID设施过滤、净化后优先进入地下砾石渗排系统，

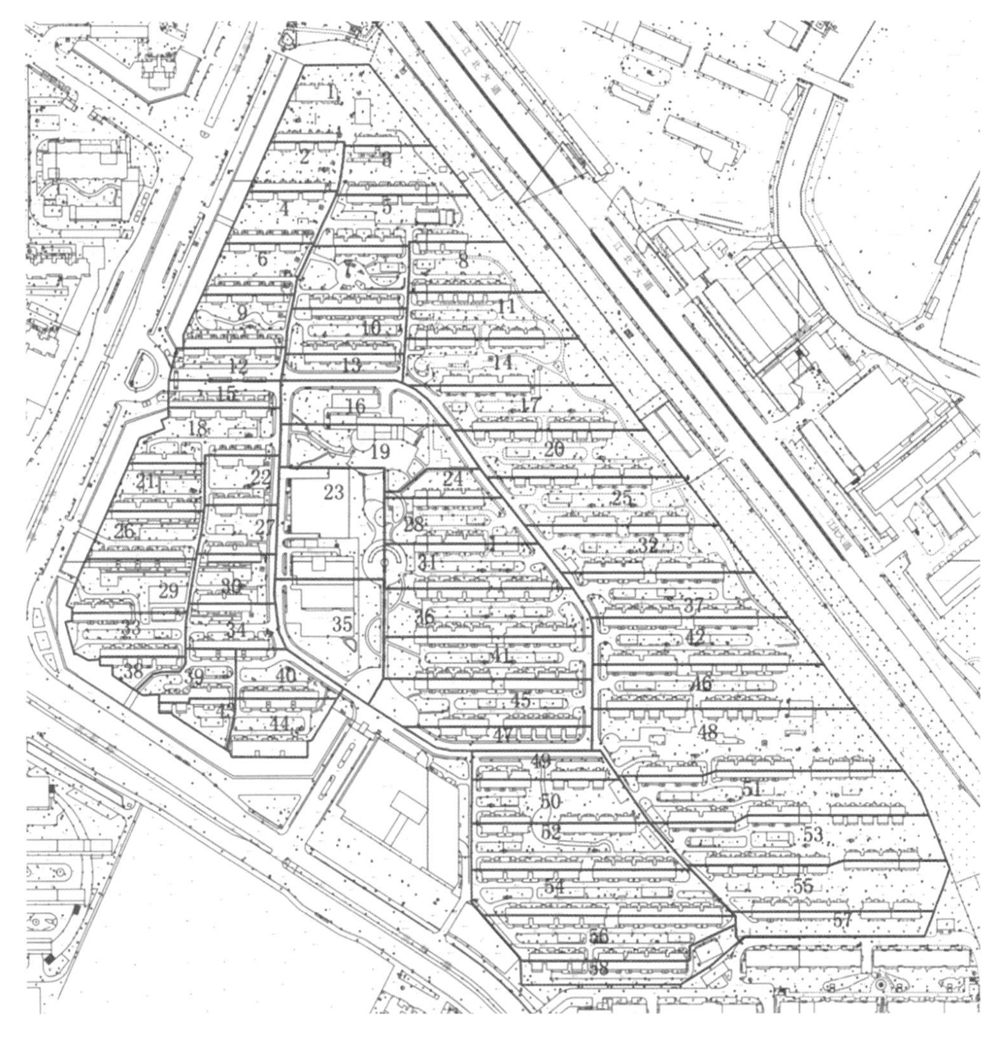

图8　汇水分区示意图

超渗雨水通过溢流口进入原雨水管道系统（图8）。

4.3 分区详细设计：以16#汇水分区为例

16#汇水分区位于小区中部东侧，把原有绿化部分改造为下凹绿地和生态透水停车位，透水停车位坡向雨水花园或草沟，靠近建筑物的小块绿化改造为雨水花坛。

现状雨落管断接进入LID 设施，路面雨水顺道路坡进入LID设施。溢流雨水流入现状排水系统。

LID设施底部通过砾石层或连通管沟通，构建渗排系统，渗排系统出水进入西侧新设雨水管道系统（图9）。

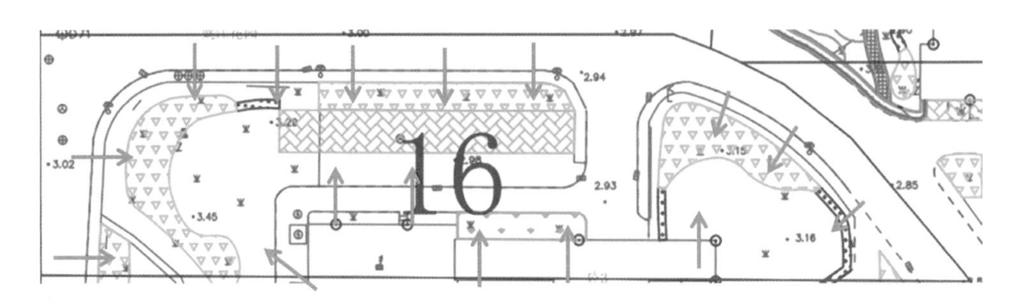

图9　16#子汇水区LID平面布置图

4.4 雨水管道系统方案

小区采用海绵城市设计理念，将传统管道排水与生态化排水相结合。本小区保留原有雨水主管道，同时为解决涝水敷设的雨水管接入新增d1200雨水管。盲管就近接入新增雨水管道，原雨水口废除，新增溢流雨水口接入原雨水管道系统。

小雨时，建筑屋顶雨水经雨水立管散水排入LID设施，下渗后通过盲管收集排入新增雨水主管道中，道路雨水径流经开口路牙或人行道暗涵散水进入LID设施内；大雨时，LID设施内雨水充满饱和后，超标雨水经设置在雨水花园中的溢流口收集（图10）。

现状立管根据现场情况进行改造：

（1）不存在混接现象的，可直接散排进入LID设施或就近接入雨水检查井；

（2）存在混接现象的，需进行改造。由于现状立管大部分处于建筑阳台内，若在建筑内部进行改造，可能存在较大困难。故本次改造将现状立管保留作为污水立管（与雨水斗断接，下端改造接入现状污水管道），并在附近增加一道雨水立管。

同时，在建筑南侧增加一道污水管，将保存作为污水立管的现状立管接入新增污水管道。

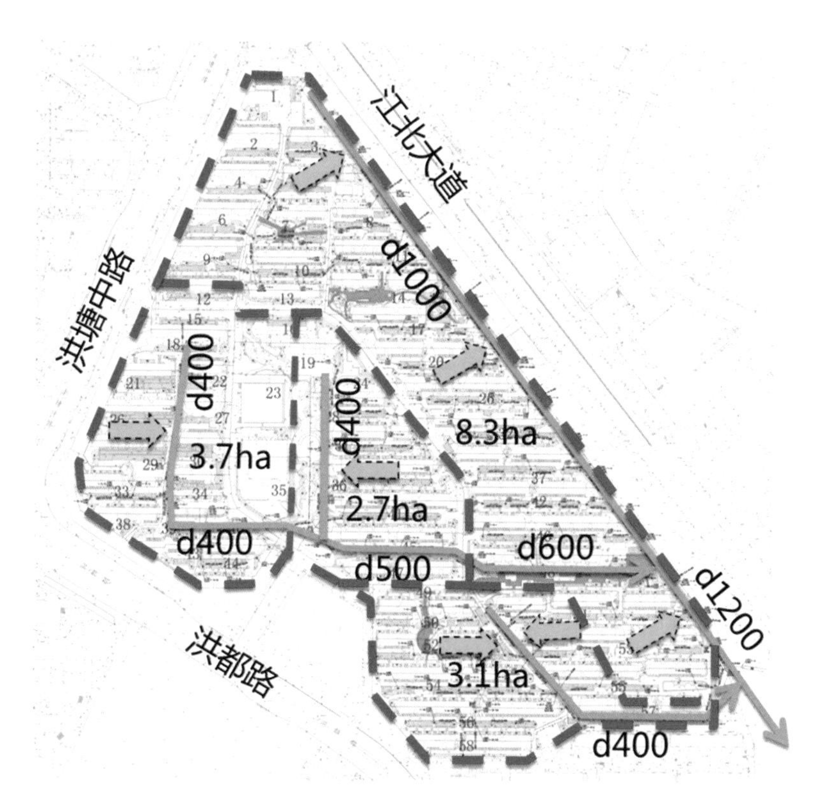

图10　LID设施出水管道平面布置

4.5 LID方案设计

根据前期方案结论，姚江花园海绵改造控制雨量取20.7mm，相应的年径流总量控制率为75%。

对小区内现有的绿地改造，采用传输型草沟、雨水花园和雨水花坛等形式，部分原有不透水铺装改为透水铺装，将本次新、改建位于绿化中的停车位全部做成生态透水停车位，使得雨水和大部分路面径流可以在源头进行滞蓄、入渗和净化处理，超渗雨水通过溢流口进入原雨水管道系统。

种植要求高度为35～50mm的常绿草皮，雨水花园内种植草坪植物、地被植物或乔木，具体形式由景观设计人员确定（图11）。

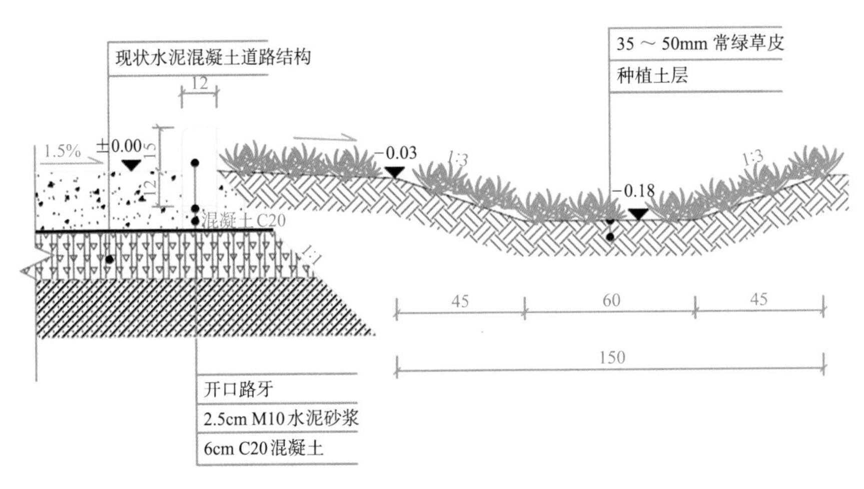

图11　传输型草沟

本项目共设置雨水花园18032m²，占绿化比例约为30%；雨水花坛545m²，主要设置在靠近建筑物的小块绿化内；传输型草沟6180m²；透水铺装22835.6m²（停车位改造后绿化面积59259.5m²）（图12～图14）。

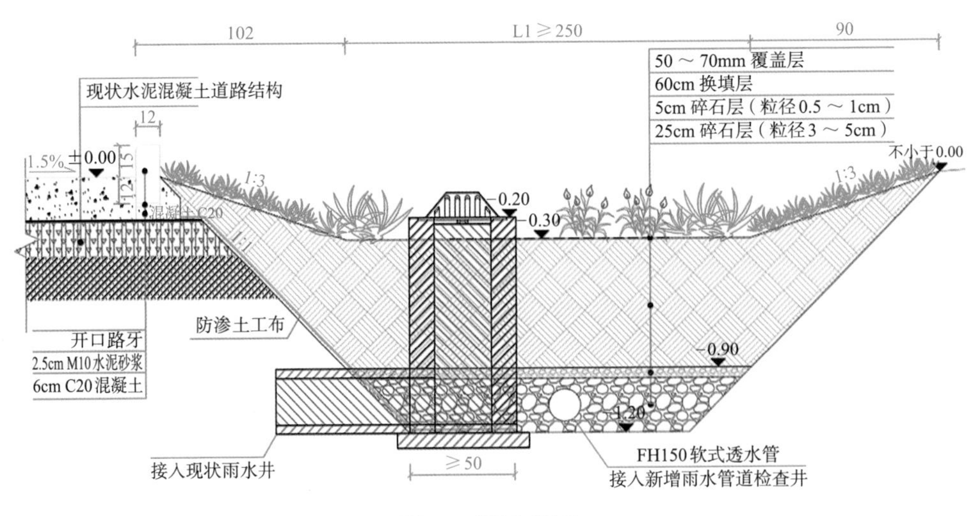

图12　雨水花园

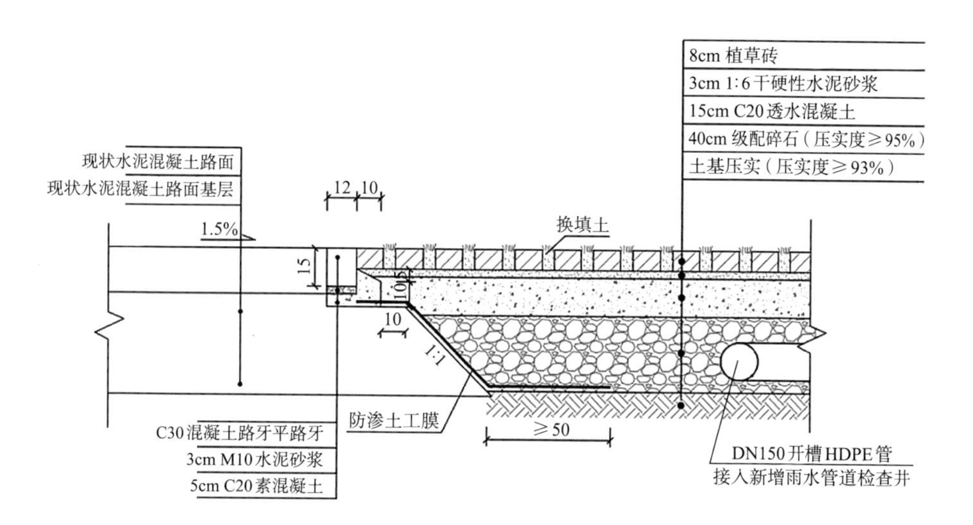

图 13　透水铺装

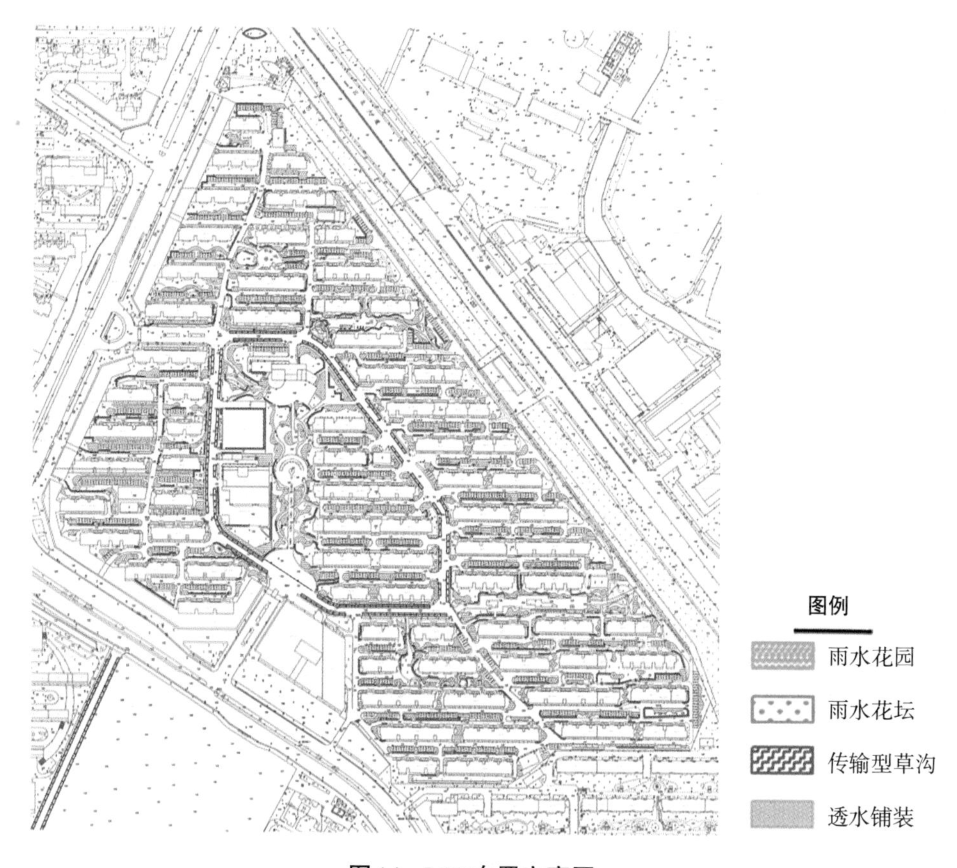

图 14　LID 布置方案图

4.6 内涝防治方案

疏通现状雨水管至江北大道方向的雨水管。同时，结合“砾石渗排系统”和地表LID设施，在小区东部围墙外侧，沿江北大道方向增设一道d1200雨水管，最终接入姚江花园东侧现状水系。同时在小区两处涝水风险点增设溢流雨水口接入新设d1200管道，增强两处收水能力。同时在小区外侧绿化内设置调蓄塘及雨水调蓄池等调蓄设施。

为保证河水位较高时排水顺畅，在d1200管道上设置闸门，同时在调蓄池内设置排水泵。

4.7 工程实施建议

（1）施工前建设单位最好是能够提供施工区域的地下管线图，包括现有雨污水管道、电力、通信、监控、自来水、燃气的管线图，一方面可以避免因为地下管线情况不明造成无法按图施工，而耽误工期；另一方面也可以避免因不慎挖断管线造成停电断网停水停气等情况，对小区居民造成较大影响。

（2）施工区域人流量较大，最好采取封闭施工，逐个区域施工，合理组织施工区域的交通，安全文明施工。

（3）按照小区的特色，以及当地的气候特征，制定安排合理的合同工期以及施工时间段。

（4）选择有实力的施工单位，如果有海绵建设经验的最好，若没有相关经验，在开工前的图审及设计交底会议上做详细的要求和讲解。

（5）应将对施工过程的控制列为重中之重来把控，海绵施工做的是细活，切忌“重面子轻里子”。

（6）施工前、过程中、完成后，做好相应影像资料和监测数据的保存，以便于工程建成后的效果对比。

5 建设效果

通过海绵化改造，控制了区域年径流总量，可控制33.27mm的降雨，年径流总量控制率达到87%，污染削减率达到69.6%。改善了老小区的居住环境，提升了社区居民的居住舒适度（图15～图19）。

图15 小区改造前实景图

图16 改造后的雨水花园

图17　改造后透水铺装及透水混凝土路面

图18　小区改造后航拍图1

图19　小区改造后航拍图2

参考文献

[1] 仇保兴.海绵城市（LID）的内涵、途径与展望[J].建设科技，2015(1)：11-18.

[2] 胡希冀，崔琳琳，舒荟萃，范有靖，胡玉梅，孙威，刘杰.基于LID理念的承德市海绵城市试点区建设技术框架研究[J].科技经济市场，2018(2).

[3] 鞠茂森.关于海绵城市建设理念、技术和政策问题的思考[J].水利发展研究.2015(3).

[4] 杨媛媛，王建军，温楠，白建光，黎建强.海绵城市建设措施的技术改进[A].2018中国环境科学学会科学技术年会论文集(第一卷)[C]，2018.

[5] 唐双成.海绵城市建设中小型绿色基础设施对雨洪径流的调控作用研究[D].西安：西安理工大学，2016.

合同能源管理引导供热计量与节能改造走出困境

既有建筑供热计量与节能改造遇到最现实的问题就是资金瓶颈。从各项能耗指标可以看出，目前一些供热企业在能源的生产，管理和使用过程中还存在许多问题，因此必须从提高锅炉运行热效率，加强热水输送管道的保温和维护，解决水力平衡到供热分户计量等管理和技术问题入手，提高能源管理水平和节能意识，实现减少能源和水源浪费，提高能源利用率的目标。然而对于供热企业，实行热计量与节能改造需要供热系统全面技术升级，不但要有一定的技术能力还要有一定的经济实力。而现实是很多热力企业缺乏技术人员、不具备系统升级改造的技术力量和资金。对于那些能耗高、浪费严重、成本高、亏损严重的供热企业来说，更无力承担系统升级改造的费用。

引入合同能源管理模式，让节能服务公司参与供热计量与节能改造，能填补供热企业在资金、技术或管理上的不足，成为在供热领域实现节能减排的可行性方案。为了鼓励和加快合同能源管理方式在建筑、工业等领域的发展，国家制定和出台了系列政策。2010年4月国务院办公厅转发了《关于加快推行合同能源管理促进节能服务产业发展的意见》，2010年6月财政部、国家发展改革委出台《合同能源管理项目财政奖励资金管理暂行办法》。根据规定，被选入国家发展改革委和财政部合同能源管理节能服务公司备案名单中的节能服务公司在2011年1月1日以后签订合同并符合条件的合同能源管理项目，可以申请国家财政奖励资金。2010年8月9日，由国家发展改革委资源节约和环境保护司提出，中国标准化研究院、中国节能协会节能服务产业委员会等单位负责起草的《合同能源管理技术通则》作为国家标准（标准号为GB/T 24915—2010）正式发布，并于2011年1月1日起正式实施。2011年5月4日财政部、住房和城乡建设部联合下发的《关于进一步推进公共建筑节能工作的通知》，明确要求“十二五”期间，两部门从加强新建公共建筑节能管理，推动公共建筑节能改造，推进能效交易、合同能源管理等节能机制创新方面出台一系列措施，力争在推进建筑节能上有所突破。

合同能源管理是目前国际上最为推崇和发展最快的新型节能运营管理机制，通过专业的能源服务公司以商业经营方式帮助用户实施节能改造，并管理用户的能源系统，分享节能效益。能源服务公司与用户签订节能服务合同，直接投资用户的能源设施并管理它们，用专家来解决用户的能源利用问题，通过信息和服务网络来运营用户的系统。将节能作为一个盈利市场加以经营，同时靠竞争来优胜劣汰，实现节能工作的可持续发展。

北京华仪乐业节能服务有限公司于2008年承担了住房和城乡建设部城市建设司关于“供热行业推行合同能源管理的研究”课题，探索适合供热行业并且有可操作性的合同能源管理模式。通过对国内和国外现有的能源服务公司的调研，发现相比于工业与交通节能，合同能源管理机制比较适合供热行业。原因主要是供热节能工程涉及面广，是一个系统工程，包括设计咨询、运行管理、能耗审计、经济技术分析等多方面内容，涉及建筑、设备、自动控制、经济、融资、法律、营销、管理等多方面专业知识。节能服务公司凭借其丰富的经验和专业知识，正好能为客户提供包括能源效率审计、节能项目设计、原材料和设备采购、施工、培训、运行维护、节能量监测等一条龙综合性服务。由于能源服务公司独立于能源生产商，专业从事能源需求侧的管理，为需求侧的能源管理提供有效的技术手段和基本信息，是政府推进供热改革的有力支持。能源服务公司所提供的能源服务为欧洲国家在节能和环保方面带来的巨大收益也为实践所证明。当前，我国政府正在积极全面落实节能减排工作，积极推进资源节约型、环境友好型社会的建设，要完成既定的综合节能指标，通过合同能源管理来整合各项节能技术的运用，实现能源管理从自我管理模式向社会化、专业化管理模式转变，这种节能服务产业化的发展正日益显现出巨大的生机。

2012年7月5日，在甘肃省兰州市召开的第十八届中国兰州投资贸易洽谈会期间，北京华仪乐业节能服务有限公司以合同能源管理模式与甘肃省榆中县人民政府签订榆中县“节能暖房”工程项目投资协议。华仪乐业公司将在甘肃省住房和城乡建设厅和榆中县人民政府等单位的支持下开展“节能暖房”工程建设，预计总投资达2.49亿元，工程分2期进行，计划于2014年内全部完工。榆中县被国家列为“节能暖房”工程重点城市，改造面积共208万m^2。项目将从以下几个方面进行：

（1）建筑围护结构节能改造；

（2）新建热源厂1座，实施改造和建设城区换热站10座，改造供热管网138km；

（3）供热计量及温度调控改造；

（4）城市供热信息监管平台建设。

此工程前期由华仪乐业全额自筹资金，垫底进行项目建设，采用合同能源管理方式（EMC）。改造后除中央财政及省市地方财政奖励补助资金外，缺口资金从供热单位每个供暖期节能量中分享收益。项目回收期5年，前三年华仪乐业分享80%的节能效益，后两年双方按五比五的比例分享节能效益。榆中县在推进既有建筑供热计量和节能改造中，通过引入合同能源管理进行热计量及节能改造新思路，取得了良好的经济和社会效应。经初步测算，完成节能暖房改造工程后，榆中县每个供暖期可节约标煤28000t，减少二氧化碳排放量74080t，减少二氧化硫排放量320t，烟尘排放量542t，氮氧化物82t。同时，改造后在锅炉房设施不扩容的情况下，增加供热面积40%左右，潜在供热容量45MW。

北京华仪乐业节能服务有限公司作为住房和城乡建设部供热计量与节能工程技术研究中心的依托单位，一直致力于为供热行业提供系统的节能解决方案与投资运营管理。期望通过引入合同能源管理模式，促进供热行业市场化机制建设，为供热计量与节能改造探索一条新的可持续发展之路。

智慧生态城市的实践基础与理论建构*

摘　要：智慧和生态是中国当代新型城市建设的基本主题，代表着我国城市发展的主导方向。随着我国社会经济发展水平的提高，人们对“城市让生活更美好”的要求越来越高。所谓的“智慧”就是依托现代科学技术，让人类拥有更先进的信息化技术手段，追求城市功能的更加完善、更加智能。而所谓的“生态”就是追求绿色化发展，实现人与自然和谐相处。本文从智慧生态城市的时代背景、认知基础、基本理论、技术方法、发展趋势和实施策略等方面做梳理分析，以期探究智慧生态城市发展的基本理论与技术方法。

关键词：智慧生态城市；实践基础；基本理论；实施策略；信息化；绿色化

近年来，我国智慧生态城市建设伴随着全球的信息化与绿色化而迅

* 基金项目：北京市自然科学基金项目（9184035）；住房和城乡建设部软科学项目（2017-R2-041）。

速发展。环境问题和资源问题的突出让人们意识到智慧发展和生态建设的重要性，建设智慧生态城市势在必行。智慧生态城市规划建设应该在制度、资金、理论与方法等保障机制的作用下进行。研究智慧生态城市规划建设的基本理论有助于我们把握智慧生态城市内涵，明细建设原则。就现状而言，中国的智慧生态城市规划建设尚处于发展初期，难免会碰到一些问题。要想做好智慧生态城市规划建设，除了需要解决问题，我们还应该不断发展建构其基本理论，合理利用各种现代技术。

1　理念提出的时代背景

智慧和生态发展理念的由来可以从北京奥运会说起。2001年，北京再次申办奥运会时突出了三大理念：即“绿色奥运”“科技奥运”“人文奥运”。这三大理念是基于对世界发展趋势的判断而提出的。第一，“绿色奥运”是对环境建设的要求，这是奥运会举办的首要条件，正是基于此，北京做出重大决策将中国十大钢铁企业之一的首钢集团生产基地从北京外迁；第二，高科技对于当代社会各方面的影响巨大，提出“科技奥运”为的是使北京成为创新城市，在奥运期间对场馆设施建设进行了创新设计与建造，如鸟巢、水立方、奥林匹克公园等，成为新北京的可持续发展标志；第三，提倡“人文奥运”，希望通过奥运推动文化交流，促进文化发展，展示中国传统文化内涵和魅力。

1.1 智慧智能是当代中国城市建设的主题之一

信息化是当今时代发展的大趋势，代表着先进生产力。按照托夫勒的观点，世界发展经历第三次浪潮是信息革命，大约从20世纪50年代中期开始，其代表性象征为“计算机”，主要以信息技术为主体，重点是创造和开发知识。随着农业时代和工业时代的衰落，人类社会正在向信息时代过渡，跨进第三次浪潮文明，其社会形态是由工业社会发展到信息社会。第三次浪潮的信息社会与前两次浪潮的农业社会和工业社会最大的区别，就是不再以体能和机械能为主，而是以智能为主。近年来数字经济的整体发展水平正在提高。党的十九大明确提出了全面建成数字强国的战略目标。据统计，我国已有大概258个市区建设了数字城管系统，实现了网络化、智能化、系统化、精细化和智慧化的城市管理，能够及时发现城市管理问题并迅速拟定方案进行解决。“互联网+”计划的内容中就有对“智慧城市建设”的相关计划和要求，城市供水、供电、交通、产业发展等一系列公共服务都将加强信息化建设，提高工作效率。全球数字经济的发展趋势已经显现。联合国框架下提出了相应的网络空间规则。在智慧生态城市建设的问题上，国际已有更深层次的认知和实践。全球的生态城市建设主要以政府为导向，利用先进的科学技术带动城市发展，促进城乡互动，设立相关项目进行智慧化的城市建设工作。

1.2 绿色生态是当代中国城市建设的又一主题

生态城市发展的本质是要将单向线性发展模式转变为再生利用的循环发展模式。绿色强调人与自然的和谐关系。生态城市主要是以生态文明的理念促进城市发展，将人与自然和谐相处的思想融入城市建设当中。生态城市的提出基于对人类文明发展演变过程的认识。人类文明已经经历了三个阶段。一是原始文明阶段：人类惧怕自然。二是农耕文明阶段：人类利用自然，倡导“天人合一”的价值理念。三是进入工业文明阶段后，人们以为运用科学技术和金融资本两样武器可以挑战自然和战胜自然，提出了“人定胜天”的发展理念。但是恩格斯曾经说过：“我们不要过分陶醉于人类对自然的胜利。对于每一次这样的胜利，自然界都对我们进行着报复。”当人口、产业集聚远远超过资源的承载能力便会产生众多负面效应，现今困扰全球的雾霾问题便是最好的例子。当前中国城市发展存在着，包括水污染、空气污染、垃圾污染等环境问题，人口和资源的矛盾不断加剧。生态文明是人类基于对工业文明的深刻反思之后倡导的新的人类文明。生态文明就是要改变工业文明阶段的问题，实现发展模式的转变。从褐色的、传统的线性发展模式转变为绿色的、新型的循环发展模式，实现从摇篮回到摇篮。生态文明核心理念就是强调自然、循环、绿色，强调人和自然的和谐共处。生态城市要解决的核心问题是创造一种人与自然的和谐环境。生态城市建设的实际本质是要将单向线性发展模式转变为再生利用的循环发展模式，强调以自然为本，实现多样循环，并给人以美丽、幸福的感受。

1.3 智慧生态城市是中国城市发展新理念、新模式

智慧生态城市由智慧智能和绿色生态两个发展理念结合而成。人工智能和互联网的发展让世界有了全新的改变，这种改变首先就从我们的城市建设开始。智慧生态城市强调城市建设要注重智慧化和生态化。建设智慧生态城市是现代城市发展的方向。智慧生态城市就是要在解决城市既有问题的基础上，发展更舒适、更便捷、更美好的现代化城市。城市生产和生活方式在现代信息技术的支撑下将会发生巨大改变。智慧生态城市的建设就是要让人们生活得更美好，同时注重环境保护、节约资源，坚持走可持续发展的道路。一是建造方式的革命性变化，在智慧生态城市建设中，现代建筑的发展，有比传统建筑材料性能更好的材料应用，一切都是为了让我们居住得更加舒适。相比以往传统建筑施工因为周期长、建筑类型复杂等特点，施工过程受天气或者环境影响大，引入BIM管理理念发展起来后，极大地改变了建筑行业，建筑的性能比以

往更好，也更舒适方便，功能更加全面。二是交通拥堵的情况将会明显改善，利用现在的科学技术，已经研发出了无人驾驶汽车，2017年全国已有33个城市建立了轨道交通，更高的运输效率、更加智慧的城市交通时代已经来临。三是城市生活方面，我们的日常生活、衣食住行无一不在朝着更好的方向发展。四是与国际接轨，我国城市社会治理水平将有极大的提高，国家的治理体系和治理能力现代化将在各个领域都同国际接轨，达到世界先进水平。

集约、绿色、智能和低碳是未来智慧生态城市建设的核心。表1是近年国家级生态智慧城市建设的相关数据。国家新型城市建设提出的目标是在2020年建成一批特色鲜明的智慧城市——在公共服务、城市管理、生活环境、基础设施及网络安全方面实现全面提升。中国智慧城市建设显现出如火如荼之势，试点示范正在进行（图1～图3）。

国家级智慧城市试点数量 **表1**

试点城市	第一批（2013年）	第二批（2014年）	第三批（2015年）	合计
省会城市	5	5	0	10
地级市	30	36	37	103
县级市	18	30	33	81
区、新区	34	27	24	85
乡镇	3	5	2	10
合计	90	103	96	289

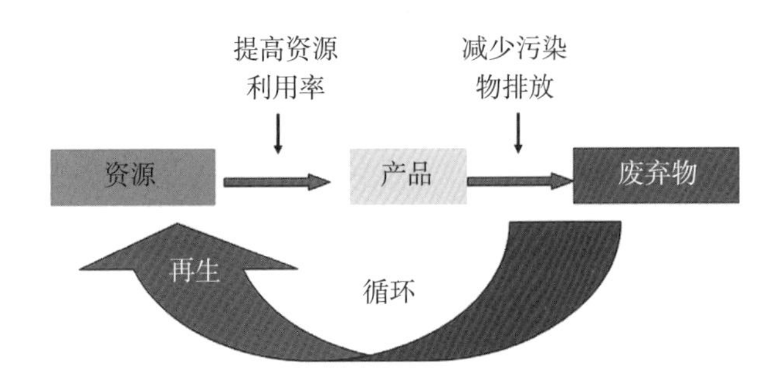

图1 生态城市的核心价值观

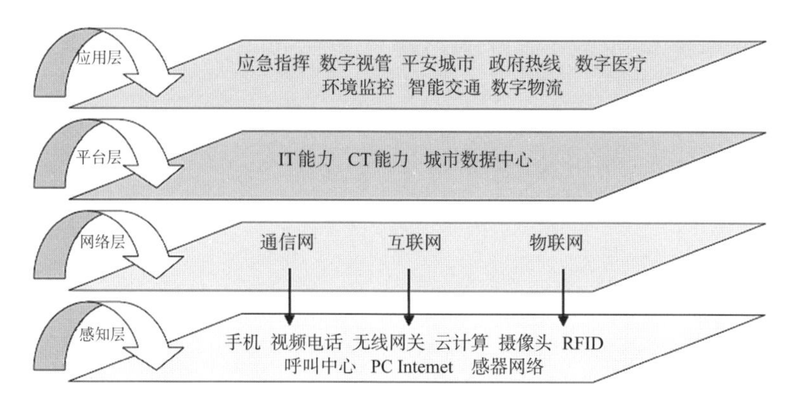

图2 智慧城市系统框架示意图

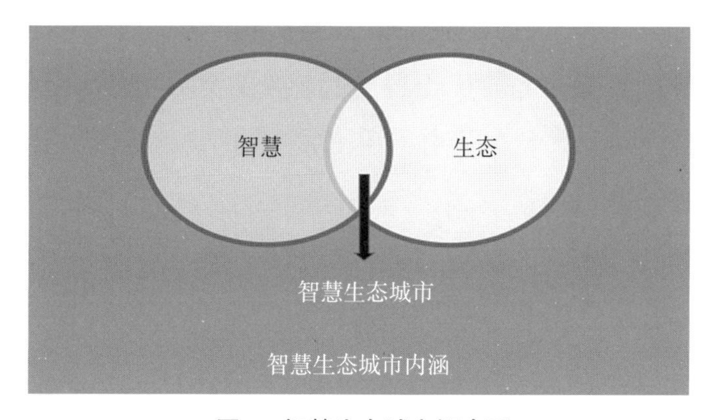

图3 智慧生态城市概念图

2 已有认知与面临挑战

2.1 智慧生态城市的基本定义

智慧生态城市是通过把智慧与生态的核心理念有效完善融合，在遵循城市发展规律的前提下，通过对城市进行智慧生态规划建设管理，以实现城市社会、经济、文化和环境的全面发展，创造出和谐、健康、可持续发展的城市人类宜居环境。智慧生态城市的目标就是将城市智慧化和生态化进行最有效最完善的融合，达到经济效益、社会效益和生态效益统一，促进城市的可持续发展。

2.2 智慧生态城市建设目的是要满足人民对“城市让生活更美好”的追求

2014年8月，为规范和推动智慧城市的健康发展，构筑创新2.0时代的城市新形态，国家发展改革委、工业和信息化部、科学技术部、公安部、财政部、国土资源部、住房和城乡建设部、交通运输部八部委印发《关于促进智慧城市健康发展的指导意见》，提出到2020年建成一批特色鲜明的智慧城市。文件提出，要运用物联网、云计算、大数据、空间地理信息集成等新一代信息技术，促进形成城市规划、建设、管理和服务智慧化的新理念和新模式。与此同时，文件中也提到智慧城市建设要推动新一代信息技术创新应用；加强城市管理和服务体系智能化建设以及积极发展民生服务智慧应用等内容。建设智慧生态城市可以多方面改善人们的生活环境，包括了公共环境、自然环境、居住环境。智慧生态城市通过智能化的技术和手段把控城市整体建设和发展，规范城市建设。建设智慧生态城市同时又可以促进城市经济发展。城市经济发展一般依赖于对资源的开发和利用，如今信息时代来临，通过智慧生态城市建设，能够将城市中的各种信息资源收集起来并且加以利用，加强对城市的智能化管理，转变城市发展模式。城市经济发展依赖于产业结构升级，建设智慧生态城市能促进城市产业结构转型，增强城市的市场经济竞争力。建设智慧生态城市还可以推动城市文化建设，文化发展同经济发展一样重要。智慧生态城市建设让人们的物质生活丰富后，将会促进人们对精神文化的追求，不仅带动了城市文化发展，还便捷了与其他国家的文化交流，促进我国文化与其他国家文化不断地交流、繁荣。

2.3 中国智慧生态城市已有成功经验，同时面临着巨大挑战

中国智慧生态城市建设已经获得一定的实践基础和成功经验。其中实验成效好的北京、上海、广州等城市以及企业的案例将创建案例集进行推广。这些优秀的案例还将编入中央党校领导干部班、全国市长研修学院教材，部分案例城市将成为现场教学点。中国智慧生态城市建设示范体系形成了以点带面的规模化推广效应。其中的基本经验是从绿色建筑切入，把绿色建筑纳入到城市土地招拍挂；建立行业标准，规模化推进；注重落实，逐步推广；强调适宜技术应用等。中国尚处于城镇化快速发展阶段，建设模式更多强调自上而下的规划引导，而国外已经相对成熟，且目标性强、突出重点、重视实施。当然中国智慧生态城市面临着巨大挑战，其表现为：

一是城市生态环境恶化的趋势尚未完全控制。垃圾围城的景象总体上没有改变，不少企业仍然将没有达到排放标准的废弃物随意排放。生活垃圾、工业垃圾给城市生态环境带来了恶劣的影响。不可降解的垃圾乱丢之后，既影响美观又污染环境。另外绿色宣传工作没有做到位。居民垃圾分类的环保意识尚未健全，给后续垃圾处理工作带来极大的负担。

二是缺乏政策强有力的指导，智慧生态城市建设工作没有落到实处。部分领导喜欢表面功夫，大搞形式主义。财力物力都花在了不实用的地方，专做城市形象的塑造，忽略了智慧生态城市建设的本意。这种现象给我国城市发展带来了极大的阻碍，成为我国城市的“特色危机”。实际上城市与城市之间的竞争不单纯是形象，更在于内涵。

三是智慧生态城市规划建设不够科学合理。制定建设方案时没有考虑到成本控制或者其他经济效益的问题。智慧生态城市建设规划方案应在建设初期开始准备，如果准备工作没有做好，那么后面的建设工程自

然难度重重。有些建设太过于追求统一、整齐，忽视了当地的特色。

3 基础理论与技术方法

3.1 智慧生态城市发展具有理论基础

智慧生态城市发展需要理论支撑。其基础理论可以包括两个方面：一是智慧城市发展理论，二是生态城市发展理论。

3.1.1 智慧生态城市发展遵循着既有的智慧发展的基本理念与原则

智慧发展需要集体化智慧理论支撑。集体化智慧理论是指利用不同个体之间的相互作用产生群体性智慧，这种智慧诞生于群体中。在建设智慧生态城市的过程中，网络的作用是集体化智慧理论的核心，利用网络可以将城市中相互之间没有交际的个体或者企业连接在一起。当问题产生后，可以利用集体力量去解决问题。通过集体化智慧理论对城市生态进行研究和定位，在智慧生态城市规划建设中最重要的就是建立智慧网络，一些组织和单位通过网络进行交流、合作。靠集体力量共同构建智慧生态城市。以往城市区域经济水平差异大，对城市发展有阻碍作用，但智慧生态城市建设能将区域经济、社会、环境等多方面进行梳理，实现多种规划融合。智慧发展需要自律性理论支撑。自律性理论就要求城市发展要有一定的自我约束力。这种约束可以来源于道德规范，也可以来源于法律准则。确保城市有一定的规章制度，从而能够整体控制城市的发展行为。建设智慧生态城市就要对城市数据进行收集和整合，打造社会公共平台用于维持智慧生态城市建设，在建立起城市数据库后，利用这些数据，可以从交通、医疗、文化等各个方面更好地了解城市居民的需要，更加科学地制定合理的管理方案。智慧生态城市建设就是要紧抓生态建设和智慧建设，利用自律性理论，让城市建设更加智慧化。

3.1.2 智慧城市的核心价值表现为感知、分享与和谐

智慧城市应用系统是基于互联网、云计算等新一代信息技术以及大数据、社交网络、Fab Lab、Living Lab、综合集成法等工具和方法的应用，营造有利于创新涌现的生态，实现全面透彻的感知、宽带泛在的互联、智能融合的应用以及以用户创新、开放创新、大众创新、协同创新为特征的可持续创新。智慧城市建设需要科技攻关，但其实现不仅仅体现在硬件、网络通信等技术本身，还要科学地认识智慧城市——城市是为人服务的。因此要人性地认识城市；同时城市会变化，发展、扩张和衰亡，因此也要动态地认识城市。为此，智慧城市的核心价值观应体现为：一是感知，通过技术手段来感知获取各种信息，这也是人们越来越依赖智能手机的原因，因为它已经变成了一个感应器；二是共享，也叫分享。信息获取以后要分享，分享以后才能有计划地管理，如果各部门各自为政，相对封闭地管理，就会形成信息孤岛。

3.1.3 智慧生态城市发展遵循着既有的绿色发展的基本理念与原则

全要素、全空间、全过程的绿色城市基本理念包含着对绿色发展的最新理解，包括健康、安全、耐久、舒适、资源、环境等多个要素。绿色发展需要公共利益理论支撑。公共利益理论强调在建设过程中一定要注重公共利益，维护人与人以及人与自然之间的和谐关系。公共利益理论强调人与自然相处协调化，让人在城市中的居住可以更加舒适，公共利益理论需要使资源的分配和利用合理化。创造一个和谐的环境，是公共利益理论中的核心，就目前的现状来说，要维持这种和谐的关系，是需要一定努力的。如果只创造却不注重维护的话，再好的和谐关系都有被破坏的一天。所以智慧生态化城市规范建设在公共利益的要求下，城

市管理一定要科学化，因为它是影响城市规划建设和发展的因素。绿色发展强调采用非高新技术、非高成本的适宜技术。绿色发展需要生态智慧理论支撑。在建设智慧生态城市时，我们一定要遵循生态智慧理论。也就是说生态建设要符合自然的生态规律，近年来现代城市的经济发展速度过快，已经对环境造成了一定的影响。遵循生态智慧理论，就要在建设智慧生态城市的过程中充分利用现代智能化的新型技术，对气候和天气能够预测管理。智慧生态城市的建设要追求可持续发展。生态化理念要完全融入生态建设中去，我国已有多个城市在进行智慧生态规划，让城市变得更加智慧和生态。

3.1.4 生态城市的核心价值表现为共生、循环与自然

生态城市建设理论，可以从理念体系、目标体系、技术体系、标准体系和示范体系这五个方面来构建，并注入多元、共生、适应、平衡、系统和人本几个关键理念来建设。绿色和生态发展的本质和核心价值观是强调共生、循环和自然。与中国传统文化的精髓因地制宜自然至上相一致。生态城市技术方法要以生态诊断为前提，从规划理念、规划目标、规划布局、规划技术、规划政策上做一系列改进，从问题出发构建技术体系和技术框架。

3.1.5 智慧生态城市是生态城市与智慧城市基本理念融合的结果

智慧生态城市建设遵循生态学原则，城市应用与服务管理运用最新的信息化技术、智能运用，实现人、自然、环境和谐共存，可持续发展的宜居城市形式。智慧生态城市是按照生态学原理进行城市规划设计，建立起来的高效、和谐、健康、可持续发展的人类宜居环境，并把新一代信息技术（互联网、云计算、大数据、社交网络等）、人工智能技术充分运用在城市各行各业之中的，知识社会创新的，高级信息化形态的宜居城市。生态城市建设要素强调按照生态学原则并运用信息技术和人

工智能技术构建起社会、经济、自然协调发展的新型社会关系，是有效地利用环境资源实现可持续发展的新的生产和生活方式。生态城市系统构建的模式是将城市看作一个系统，并从资源能源子系统、生态环境子系统、生态产业子系统以及人居环境子系统四个子系统，分别提出各项构建技术。在此基础上可提出新型生态系统各项构建技术体系，并可对不同城市特点的地区如何构建生态城市进行具体分析。

3.2 智慧生态城市发展具有技术基础

3.2.1 基于信息技术的智慧城市技术

从方法上讲，智慧生态城市的建设依赖于计算机网络和信息技术的发展。其中科技创新对生态城市的建设有着很重要的作用。智慧生态城市建设要加强城市建设中各类技术的研究，研究出更多的新型科学技术，改善城市管理。这些技术包括了共性技术、关键性技术和专门技术。由政府引导的智慧生态城市建设会有相关的项目成立，对加快生态城市技术体系的建立很有帮助。在智能化的生态城市建设中，未来城市生活中的各个领域都会加强信息建设，围绕着“智慧政务”“智慧民生”“智慧产业”三个大板块进行。手段上，第一步会采用全面感知，通过现代科学技术发现生活中的各种问题，收集数据。数据的来源非常广泛，几乎涵盖了生活中的所有领域，在智慧生态城市建设中，这些数据就是建设的基础。第二步对数据进行分析和处理，通过各种现代新型技术，让数据包含的意义能够更好地表达出来，数据与数据之间还能进行交换，这也是信息分享。而处理好的信息分享出去就是信息共享，随着现代科技的发展，人们获取信息资源的途径已经大大增加。这是一个数据共享的时代，我们每天都生活在接收数据和输出数据的环境里。第三个步骤就是智能解题，智慧生态城市建设，最重要的是建立的根本目的，智能解题的环节就是用先进的技术和手段处理我们在建设过程中所遇到的问题。比如医疗行业，传统医疗事务都由人工进行，患者在等待挂号的过程中可能会耽误很多时间从而影响病情。但在智能化医疗建设之后，可以通过网上预约的方式，大大缩短等待时间，既方便了患者，也减轻了医疗工作者的工作负担。智慧生态城市建设的方法，最根本的一点就是利用现有技术去处理传统问题，然后让城市管理更加智能化和系统化。

智慧城市应用技术随着通信技术的进步而发展。宽带中国战略稳步推进、5G试点开始启动，进一步提高了城市信息基础设施能力。通信卫星与导航技术的新成果，提升了城市信息获取能力及其在城市建设、环境监测、应急减灾等领域的应用。大数据中心和时空信息云平台的不断建设与演进，拓展了大数据与云计算在智慧政务、智慧城管、智慧交通、智慧医疗、智慧养老、智慧环保等领域的应用。互联网和通信技术新发展，提高了城市信息基础设施水平；遥感卫星与导航技术新成果，拓宽了城市信息获取途径；大数据中心建设日臻完善，提升了城市信息处理能力；时空信息云平台建设，支撑了城市管理与服务决策。人工智能技术及其应用发展改变着人们的生活方式，必将推动新型智慧城市向纵深方向发展，呈现出公共服务、城市治理、共享经济3个方面的发展趋势。

3.2.2 基于生态技术的绿色城市技术

现行绿色生态城区评价体系已有国家标准。依据住房和城乡建设部2018年4月1日施行的《绿色生态城区评价标准》GB/T 51255—2017，可对绿色生态城区从产业经济、基础设施、土地利用、生态环境、资源与碳排放、绿色交通、信息化管理、人文以及技术创新等9个方面进行技术评价，并根据各方面所占权重比值大小的不同对评价对象进行加权打分。由此可见，生态城市技术具有种类多、涵盖范围广、可量化的特点，如表2。

绿色生态城区评价技术项目列表 表2

方面	控制项	评分项	涉及生态技术	权重
土地利用	符合规划要求、注重土地功能复合性	混合开发、规划布局、地下空间	容积率、产城融合、用地混合	0.15
生态环境	制定环境保护措施与指标	自然生态、环境质量	绿化率、城市下垫面、通风廊道	0.15
绿色建筑	符合《绿色建筑评价标准（GB/T 50378）》、绿色建筑专项规划	各类绿色建筑技术标准	绿色建筑、节能、节地、节水、节材、环境保护、绿色施工	0.15
资源与碳排放	符合能源利用规划及方案要求	能源、水资源、材料与固废资源、碳排放	城市能耗、固废资源化、建筑材料	0.17
绿色交通	相应的交通专项规划及其管理	绿色交通出行、道路与枢纽、静态交通、交通管理	公交优先、TOD、轨道交通、交通诱导系统、需求管理	0.12
信息化管理	能源与碳排放信息管理系统	城区管理、信息服务	城市管理信息系统、城市防灾信息系统	0.10
产业与经济	产业低碳发展目标及管理要求	资源节约环境友好、产业结构优化、产业准入与退出、产城融合发展	城市产业结构、城市经济、循环经济、	0.08
人文方面	公众参与、绿色消费生活导则、保护历史遗存	以人为本、绿色生活、绿色教育、历史文化	城市公益福利设施、绿色人文活动、城市历史文化系统	0.08
技术创新	按规定对绿色生态城区创新项加分	符合绿色低碳生产生活要求的技术创新	都市农业区域面积等13项加分项	按具体加分项进行加分

注：根据2018年4月1日施行的《绿色生态城区评价标准》GB/T 51255—2017整理。

4 发展趋势与实施策略

4.1 智慧生态城市发展在中国具有广阔前景

我国一直坚持走可持续发展道路，智慧生态城市规划建设以此为指导思想，要求在城市发展中能贯彻可持续发展的理念，加强城市管理人员和建设人员的绿色环保思想，时刻谨记保护环境并有节能意识。近年来，绿色生态已经逐渐被人们所重视。智慧生态城市规划建设是方便社会和人民的工程，如果因为建设而肆意浪费资源，给环境带来影响则是弊大于利。所以智慧生态城市建设规划就是以节约资源，合理和科学地利用资源，实现以小资源创造大财富的目标，注意保护生态环境。智慧生态不是一句口号，只有付诸行动，未来智慧生态城市规划建设才会不断朝着绿色化、智能化、多元化、专业化、科学化的方向发展。信息技术的发展已经是绝大多数行业领域的福音，它改变了很多传统经营模式、管理模式、发展模式。其中智能化是智慧生态城市的发展核心，所以智慧生态城市规划建设在不断加大信息化建设投入的过程中，在未来一定会朝着智能化的方向发展。智慧生态城市规划建设设备智能化，管理模式智能化，以及污染控制智能化，并且智慧生态城市规划建设在以后一定能有更多的新技术应用到其中。应用方法和形式一定更加丰富。我国很多城市建设管理人员已经增强了环保意识，认识到智慧生态城市规划建设对城市发展的重要性，转变了思想态度，为了提高智慧生态城市规划建设的整体质量水平，将不断努力创造更好的建设条件，健全城市智慧生态化管理体系，完善管理制度。引进先进的公路桥梁施工技术和设备，培养更加专业的从业人员，提升管理力度和水平，未来的智慧生态城市规划建设工作的开展也会越来越顺利。

4.2 智慧生态城市发展趋势

2015年，中共中央、国务院对城市规划建设工作提出了一系列城市智慧生态发展的控制要求。城市规划必须体现出战略引领和刚性控制作用。智慧生态发展是一个追求目标，强调全面平衡；智慧生态发展是一个追求过程，强调协调平稳；智慧生态发展是一种价值理念，强调公平健康；智慧生态发展更是一种行为方式，强调和谐幸福。

4.2.1 以人为本

古代哲学家亚里士多德说："人们来到城市是为了安全的生活，人们留在城市是为了更好的生活。"城市发展战略要以人为本，其中政府发挥着至关重要的作用。城市发展应该遵循两条主线：基于人民意志的宜居性战略，以及基于国家意志的竞争力战略。人是城市的主体，城市是人类的家园。在城市中生活的居民，是智慧生态城市建设的重要参与者。智慧生态城市需要融合历史、文化、社会、经济等各种要素，实现城市全面提升和更加美好的发展。在这个过程中，公众参与也是关键。在科技创新的基础上，应构建更加完善的城市治理体系，全民参与城乡融合建设。

4.2.2 生态为基

智慧生态城市建设应以生态环境保护、城市生态基础设施建设为基础，同时融合历史、文化、经济、社会等因素，建设经济、社会、文化、自然和谐相处的城市生态系统。应更加重视环境保护，通过一定的技术手段，更加节约资源、能源，减少对能量的消耗，重视发展循环经济，实现生产、流通、消费过程减量化。在城市发展过程中，建设以人为本、资源节约、环境友好、低碳绿色的社会，全面提升城市的生态文明水平。

4.2.3 智慧为魂

智慧生态城市建设应以信息化建设为基础，从城市发展的全局和长远考虑，对城市的整体建构和层次进行系统化考虑。智慧发展就是通过信息化、数字化、智能化来推进城市建设，进而实现新的技术革命和产业革命，实现高效、低耗、减排、可持续。进而发扬中华优秀传统文化，实现天人合一、融合协调、智慧建设、生态城乡、筑造美丽中国。

4.3 智慧生态城市发展的政策建议

4.3.1 做好顶层设计

优化方案包括对成本预算管理、建设单位组织与规划综合管理等方方面面，对污染进行控制，智慧生态城市规划建设对水污染、大气污染、光污染、噪声污染等要想办法控制。合理利用城市里的各种资源，一定要坚持不浪费的原则。科学处理工业废弃物，废弃物胡丢乱排就会对环境造成污染，有的废弃物加以处理可以做其他用途，这样不但能够减少污染、保护环境，还能够加强废物利用。

4.3.2 加强技术创新运用

智慧城市的规划需要科学务实的顶层设计。需要形成“国家标准”，一套全国统一的标准。需要从不同的层面和角度制定规划，包括对智慧城市评价指标体系框架的制定，因此部门协调非常重要。现在广州在实践探索“三规合一”，让国民经济、国土规划、城市规划成为一个规划，依托智慧技术，通过“五个一”(一张图、一个信息联动平台、一个运行管理实施方案、一套技术标准和一个管理规定)，实现多规融合以及智慧化的规划建设管理。需要大力推广新技术。随着现代社会的进步，信息技术已经渗透到了各行各业，给人们的生活带来了巨大的改变。作为城市管理人员要积极转化管理理念，重视智慧生态城市规划建设工作，在公共地区，对陈旧落后的设备进行更新，需要对升级的设备进行升级，再根据具体需要安装智能化设备。加强现代信息技术的应用，是优化管理的必要手段和途径。

4.3.3 建构完善制度体系

建立完善的管理制度体系，应该涵盖智慧生态城市规划建设各个方面，制度体系的建立不但要完善，还要求科学和合理。城市发展结合自身实际情况，不断完善和创新管理体系，全面管理智慧生态城市规划建设工作。智慧生态城市规划建设存在的许多问题都与城市管理制度不完善有一定关系。要解决这些问题，除了做好宣传工作，还应该从制度出发，依靠制度去约束城市居民和企业遵守规则，减少城市污染，重视生态环境的保护。消除形式主义，将智慧生态工作落到实处。

4.3.4 提升人员专业素养

从业人员专业素养不够是各个行业中都存在的问题。智慧生态城市规划建设，从设计方案的准备阶段开始，对成本调控以及工程的整体把握问题，都需要工作人员有相应的技术水平和能力要求。因此，在关键岗位从选人方面应尽量选择具有专业素养的人员，专业基础合格后再对其进行培训。智慧生态城市建设规划相关工作人员还要对智慧生态城市规划建设基本理论相当熟悉。

4.3.5 示范带动、实践探索

只有相关管理部门明白了智慧生态城市规划建设的意义和重要性，才能在工作中保持严谨的工作态度，保证质量的同时以追求经济效益为目标，不断提高工作效率，从人员分配上注重每一个管理层次，增加工作人员之间的协调性，实现资源利用最大化，追求更高质量的智慧生态城市规划建设。重视智慧生态城市规划建设后就能解决很多问题，加强宣传工作，让居民和企业都重视生态环境的保护。

5 结语

完善中国城市治理体系和实现治理能力现代化，必须要进一步推进智慧生态城市发展。智慧生态城市发展模式必将在中国城市发展中起到引领作用。目前智慧生态城市建设仍有许多问题尚待解决。相关部门需要足够重视智慧生态城市规划建设，运用生态学理念，通过信息化建设，不断完善城市管理，创新发展方式，做到管理系统化、健全化、和谐化。可以期待中国智慧生态城市发展更加美好的前景。

参考文献

[1] 赵亮.智慧生态城市的理念发展梳理与实践路径解析[J].智能建筑与智慧城市，2019（3）：72-76.

[2] 沈清基.智慧生态城市规划建设基本理论探讨[J].城市规划学刊，2013(5)：14-22.

[3] 仇保兴.弘扬传承与超越：中国智慧生态城市规划建设的理论与实践[M].北京：中国建筑工业出版社，2014.

[4] 党安荣，甄茂成，王丹等.中国新型智慧城市发展进程与趋势[J].科技导报，2018，36（18）：16-29.

[5] 李迅，曹广忠，徐文珍等.中国低碳生态城市发展战略[J].城市发展研究，2010，17（1）：32-39.

[6] 李迅，刘琰.中国低碳生态城市发展的现状、问题与对策[J].城市规划学刊，2011(4)：23-29.

[7] 刘明石.论智慧生态城市[J].世纪桥，2016(9)：82-84.

[8] 赵亮.智慧生态城市的理念发展梳理与实践路径解析[J].智能建筑与智慧城市，2019（03）：72-76.

[9] 冯琪.智慧生态城市规划建设基本理论探讨[J].智能城市，2017，3(2)：213-213.

[10] 李林华.智慧生态城市规划建设基本理论的思考[J].门窗，2017(12)：55-55.